TEMA 31

LA REPRODUCCIÓN ASEXUAL Y LA REPRODUCCIÓN SEXUAL. GENÉTICA DEL SEXO. GAMETOGÉNESIS. FECUNDACIÓN Y DESARROLLO EMBRIONARIO EN METAZOOS.CICLOS BIOLÓGICOS.

0. INTRODUCCIÓN

Los seres vivos se nutren, es decir, incorporan materia procedente del exterior y la organizan según su patrón de ordenación (en forma de glúcidos, proteínas,...). Los seres vivos, por otra parte, son capaces de modular sus procesos internos en función de las condiciones del ambiente (concentración de un nutriente, luminosidad, temperatura,...), es decir, se relacionan. Hasta aquí, podríemos decir que, en cierta forma, no son muy diferentes de lo que podría ser una máquina inteligente: por ejemplo, un motor de combustión programado para modular los ritmos de inyección de combustible, revoluciones, escapes,... en función de variables externas.

La verdadera innovación de los seres vivos es que, entre el material que construyen gracias a la nutrición, y que protegen gracias a su función de relación, hay un material especial que les confiere la capacidad de generar ordenaciones de materia semejantes a sí mismos, y vivas como ellos mismos. Se trata de la función de reproducción.

De esta función de reproducción hablaré en esta exposición. Lo haré siguiendo el siguiente orden...

(es muy conveniente exponer con claridad el orden que se va a seguir, leer el índice de una forma ágil)

1. LA REPRODUCCIÓN ASEXUAL

En este proceso un único individuo da lugar a nuevos individuos con un material genético idéntico. No se produce intercambio de material genético formando los descendientes resultantes un clon exacto del progenitor.

Se trata de un medio de reproducción muy extendido en las plantas y por animales sésiles que no pueden desplazarse en busca de otros individuos.

1.1. Reproducción asexual en organismos unicelulares

Es un proceso por el cual una célula madre da lugar, a través de una división celular, a dos o más células hijas. Diferenciamos tres tipos de reproducción asexual en organismos unicelulares:

- **Bipartición.** Mediante mitosis una célula madre da lugar a dos células hijas de igual tamaño. Como ejemplo tenemos el caso de las amebas o de los paramecios.

- **Gemación**. En la célula madre se produce un abultamiento o yema que acabará separándose por estrangulación. Las dos células hijas presentan tamaños diferentes, aunque en la división celular el núcleo se ha dividido en partes iguales. Como ejemplo citaré las levaduras.

- **Escisión múltiple**. Este tipo de reproducción tiene lugar cuando en la célula madre se producen una serie de divisiones por mitosis del núcleo sin división del citoplasma. Cada núcleo acabará rodeándose de una porción de citoplasma y de una membrana, liberándose todas las hijas a la vez al romperse la membrana de la célula madre. Este tipo de reproducción se da en los esporozoos (ejem. *Plasmodium*)

1.2. La reproducción asexual en organismos pluricelulares

En este tipo de reproducción asexual, de un organismo se desprende una única célula o trozo del cuerpo que, mediante sucesivas mitosis, dará lugar a un individuo completo semejante al progenitor.

1.2.1. Reproducción asexual en animales

Se produce únicamente en metazoos cuyas células embrionarias conserven la totipotencia. Este hecho les permite, además de multiplicarse rápidamente, diferenciarse en distintos tipos celulares, consiguiendo así formar las partes del organismo que pudieran faltar. Este fenómeno de totipotencia embrionaria es mayor cuanto más sencilla es la organización del animal. Debido a esto, se da en animales como esponjas, celentéreos, anélidos y equinodermos, así como en los estados larvarios y embrionarios de todos los animales.

Los diferentes tipos de reproducción asexual que podemos encontrar en animales son:

- **Gemación.** Del individuo progenitor comienzan a aparecer yemas o prominencias que se desarrollaran hasta obtener individuos iguales al progenitor. Pueden separarse o quedar unidos, formando así una colonia. Como ejemplos se pueden citar los pólipos y esponjas.

- **Escisión o fragmentación.** Durante este proceso se produce una división del individuo progenitor en dos o más partes, de cada una de las cuales se desarrollará, antes de la separación, el nuevo individuo. Es el caso de las estrellas de mar o las ofiuras de seis o más brazos, en los que las escisiones tienen lugar en sentido longitudinal, o el de las lombrices de tierra y las planarias, en el que la fragmentación se produce perpendicular al eje del cuerpo.

1.2.2. Reproducción asexual en vegetales

Este tipo de reproducción es muy frecuente en vegetales. Entre los principales tipos destacamos:

- **Por mitosporas.** Una mitóspora es una célula germinal originada por mitosis. Pueden presentar un movimiento propio, a través de cilios o flagelos, o ser inmóviles, dispersándose a través del viento o los animales. Éstas se originan en un órgano externo o en el interior de unos órganos específicos, los esporangios.

  Cada espora es una sola célula protegida por una gruesa envoltura. Ésta le permite resistir las condiciones ambientales desfavorables, abriéndose y permitiendo la germinación cuando las condiciones son óptimas. Este tipo de reproducción es típica de algas y hongos.

- **Por fragmentación.** Consiste en la separación de una porción de la planta que da lugar a un nuevo individuo. Es el caso de algas, líquenes, musgos y algunas plantas superiores.

- **Por propágulos.** Se basa en la obtención de una nueva planta a partir de fragmentos formados por órganos enteros o complejos de órganos (propágulos) que deben contener células con capacidad permanente de multiplicación y diferenciación (células meristemáticas). Las principales formas son:

a) **Estolones:** yemas que se presentan en los nudos de tallos rastreros, que enraízan creando una nueva planta. Como ejemplos tenemos el fresal y muchas gramíneas.

b) **Rizomas:** se trata de tallos engrosados que crecen alargados en horizontal. Presentan yemas que forman tallos aéreos a la vez que enraízan y que al separarse de esta forman una nueva planta. Los lirios y la grama son ejemplos de éstas.

c) **Tubérculos:** engrosamiento más o menos redondo de los tallos subterráneos de la planta, con alta cantidad de material nutritivo, en cuya superficie aparecen yemas (conocidas como ojos), a partir de las cuales se da origen a nuevas plantas. Es el caso de la patata, la chufa,...

d) **Bulbos:** tallos cortos con forma cónica que presentan un yema e gran tamaño terminal. Ésta se encuentra rodeada por numerosas hojas que almacenan sustancias de reserva, y en cuyos ángulos de unión con la planta se da lugar a los bulbos de renuevo, que originarán la nueva planta. Como ejemplo podemos encontrar ajos, cebollas, tulipanes,...

e) **Brotes adventicios:** se localizan en los bordes de las hojas, y son pequeñas plantitas con raíces situadas en un lugar anormal (adventicio), dando lugar a nuevas plantas de forma rápida al caer las hojas al suelo. Es el caso de algunas crasuláceas.

f) **Yemas radicales:** se encuentran en algunas raíces con la posibilidad de formar brotes aéreos. Como ejemplo tenemos el manzano, el cerezo, la zarzamora.

1.3. Ventajas e inconvenientes de la reproducción asexual

Tras todo lo expuesto anteriormente, citaré a continuación algunas de las principales ventajas e inconvenientes que presentan los mecanismos de reproducción asexual.

Como ventajas destacaré la **rapidez y simplicidad** de los procesos, debido a que no ha de invertirse en la formación de células específicas, ni en la búsqueda del gameto opuesto; **numerosa descendencia** bien adaptada que puede originar un individuo bien adaptado; una **amplia expansión geográfica** en el caso de la reproducción por esporas,...

La principal desventaja consiste en la carencia de **variabilidad genética,** debido a que son genotípicamente invariables.

2. LA REPRODUCCIÓN SEXUAL

En este caso, para la creación de individuos hijos es necesaria la intervención de dos progenitores, produciéndose una combinación de su DNA y resultando seres genéticamente distintos.

Esta variedad de reproducción es la principal de los organismos pluricelulares, aunque en algunos casos se da de forma combinada con la reproducción asexual. Además, organismos unicelulares como las algas unicelulares o los protozoos también pueden emplearlo.

De forma general, podríamos decir que este tipo de reproducción tiene lugar a través de la unión de dos células haploides especializadas (conocidas como células sexuales o gametos), originadas en los órganos sexuales, para formar el zigoto. A partir del desarrollo se formará el nuevo individuo.

En la mayoría de los casos, los gametos se originan en seres distintos, lo que caracteriza su sexo.

2.1. Unisexualidad y hermafroditismo

Se conoce como **unisexualidad** al hecho de que los órganos sexuales se encuentren en individuos distintos en animales, y dioicos en plantas. En muchos casos se presenta además **dimorfismo sexual**, es decir, diferencias morfológicas (incluso de órganos) entre el macho y la hembra, que pueden ser permanentes, o temporales (especies en las que únicamente se da en la época de celo).

En otros casos, podemos encontrar especies **hermafroditas** en las que un mismo individuo presente ambos aparatos sexuales, o un aparato único capaz de generar gametos masculinos y femeninos por sí sólo, como es el caso de la mayoría de las plantas con flores, y de los caracoles y lombrices de tierra. A pesar de generar los dos tipos de gametos, en la mayoría de los casos se produce una fecundación cruzada con otro individuo de la misma especie. Como excepción encontramos especies como la tenia, en las que si se produce la autofecundación.

El **hermafroditismo** en general se da en especies inferiores, aunque también se puede encontrar en peces, que incluso poseen la capacidad de cambiar de sexo en el transcurso de su vida (son hembras en un principio y tras varias procreaciones, convertirse en machos –hermafroditismo proterándrico-).

2.2. Principales formas de reproducción sexual.

Esta clasificación se realiza en función de la morfología de los gametos. De esta forma distinguiré:

- **Reproducción sexual isogámica.** No se diferencia entre gameto masculino y femenino ya que estos son iguales, se distinguen con los símbolos "+" o "-" en función de su comportamiento y se da en especies como algas, hongos inferiores y protozoos.

- **Reproducción sexual anisogámica.** Los gametos se diferencian morfológica y fisiológicamente. Diferenciamos aquí el gameto másculino o microgameto (denominado espermatozoide) que presenta un tamaño muy reducido y movilidad, y el gameto femenino o macrogameto (llamado óvulo en animales y oosfera en vegetales), que es sedentario y de un tamaño muy superior. Esta reproducción se da en la mayoría de los individuos pluricelulares.

2.3. Ventajas e inconvenientes de la reproducción sexual

Los inconvenientes principales que podemos encontrar de la reproducción sexual frente a la asexual son:

- Menor rapidez de reproducción
- Menor número de descendientes
- Mayor gasto energético en la búsqueda y lucha por conseguir la pareja.

Como ventajas, es muy destacable la variabilidad genética como consecuencia de la combinación de genes de ambos progenitores. El resultado de este hecho es que se proporciona a la especie una mayor probabilidad de adaptación y evolución. Este hecho parece verse confirmado en que la mayoría de los animales superiores presentan organismos más complejos y avanzados evolutivamente y tienen una reproducción sexual.

3. GAMETOGÉNESIS

Se conoce como gametogénesis el proceso por el cual se forman los gametos en las gónadas a partir de células germinales. Los procesos se diferencian dependiendo de si se tratan de gametos masculinos o femeninos. Evidentemente, todo proceso de gametogénesis implica una división meiótica. Para el estudio de la meiosis remito al Tema 29 de este mismo temario de oposiciones en el que se explica de forma detallada.

3.1. Espermatogénesis.

La formación de los espermatozoides tiene lugar en los testículos, a partir de las espermatogonias (células germinales diploides). Durante este proceso vamos a diferenciar varias etapas:

- **Multiplicación:** Una vez que el individuo a alcanzado la madurez sexual, las espermatogonias presentan una actividad mitótica muy alta.

- **Crecimiento:** Tras una serie de divisiones, las espermatogonias experimentan un aumento de tamaño, pasando a llamarse espermatocitos de 1er orden, células aún diploides.

- **Maduración:** El espermatocito de 1er orden, tras una división con separación de cada uno de los cromosomas (duplicados) de un par de homólogos, pasará a ser un espermatocito de 2° orden. Éste, a su vez, sufrirá una segunda división con separación de las cromátidas de cada cromosoma duplicado, dando origen a dos células haploides. Así pues del proceso de maduración de cada espermatogonia (denominado meiosis) surgen cuatro células haploides llamadas espermátidas.

  Conviene señalar que, cuando los cromosomas homólogos se sitúan en la placa metafásica justo antes de formarse los espermatocitos de primer orden, se produce recombinación (intercambio de fragmentos) entre ellos. Este hecho consigue, podríamos decir, la característica más ventajosa de la reproducción sexual: su capacidad de crear variabilidad.

- **Diferenciación:** las espermátidas, células inmóviles y redondeadas, van a sufrir durante esta fase una serie de profundos cambios (desplazamiento del núcleo hacia uno de los polos, formación del acrosoma por el aparato de Golgi, disposición helicoidal de las mitocondrias,...), transformándose en espermatozoides.

La morfología de los espermatozoides presenta tal diversidad que permite identificar el grupo taxonómico, e incluso la especie animal a la que pertenecen. En los vertebrados podemos distinguir tres partes fundamentales:

- Cabeza: esta formada por el núcleo y el acrosoma (prominencia en al parte anterior), el cual contiene enzimas digestivas que permiten la penetración en el óvulo y la fecundación de este.

- Pieza intermedia: presenta longitudinalmente un filamento axial que se continua por toda la cola. Con una disposición helicoidal a través de este filamento se encuentran un gran número de mitocondrias que proporcionan la energía necesaria para el movimiento.

- Cola o flagelo: está formado por el filamento axial antes citado y una pequeña porción de citoplasma, los cuales terminan antes de llegar a extremo final.

3.2. Ovogénesis

En el caso de los gametos femeninos las células germinales son las ovogonias y el proceso de formación y maduración se da en el interior de los ovarios.

Al igual que en la espermatogénesis, podemos distinguir una serie de etapas. Estas son:

- **Multiplicación:** las ovogonias (diploides) sufren un proceso activo de mitosis.

- **Crecimiento:** las ovogonias llevan a cabo un aumento de tamaño debido al acúmulo de sustancias de reserva, conociéndose la nueva célula obtenida como ovocito de primer orden.

- **Maduración:** el ovocito de primer orden (todavía célula diploide), experimenta una primera división meiotica, de la que se originarán dos células de diferente tamaño: el de mayor tamaño conocido como ovocito de segundo orden, y el más pequeño llamado primer corpúsculo polar, ambas células haploides. En la segunda división meiótica, el ovocito de segundo orden vuelve a dividirse en dos células de diferente tamaño: la de mayor tamaño será el óvulo y el de menor, otro corpúsculo polar. El corpúsculo polar obtenido en la primera división meiótica, puede o no realizar esta segunda división, originándose así otros dos corpúsculos polares. Estos corpúsculos polares permanecerán adosados al óvulo y acabarán atrofiándose.

Morfologicamente, los óvulos se caracterizan por ser células esféricas e inmóviles. Las partes que podemos distinguir mediante microscopía electrónica son:

- Núcleo: también conocido en este caso como vesícula germinal. Presenta una localización central y pueden observarse manchas más oscuras en su interior. Estas manchas (que pueden ser una o varias, son los nucléolos, y se conocen como manchas germintaivas

- Citoplasma: contiene el vitelo (sustancias nutritivas como proteínas, grasas y fosfolípidos, de forma abundante). Éste será el alimento del futuro embrión.

- Membrana plasmática: limita la célula. Sobre ésta pueden superponerse más capas, en diferente número y características, según la especie animal de la que se trate. Estas membranas se clasificaran en primarias, secundarias o terciarias en función de si las ha creado el propio óvulo (como la membrana vitelina), si se han producido en el ovario o si se han creado en el oviducto tras abandonar el ovario.

La membrana vitelina permite la unión del óvulo con el espermatozoide de la misma especie. En los mamíferos se conoce como zona pelúcida y se encuentra rodeada de una capa de células denominada corona radiada.

4. FECUNDACIÓN Y DESARROLLO EMBRIONARIO EN METAZOOS

4.1. Fecundación

El término fecundación se emplea para referirnos al proceso por el cual se unen el gameto masculino con el femenino formando una única célula, el zigoto o huevo.

Se distinguen dos tipos de fecundación, interna y externa, en función del medio que permite la supervivencia de los gametos al liberarse del organismo que los generó.

a) **Fecundación externa:** se da principalmente en organismos acuáticos. Los gametos se liberan en el agua, generalmente en grandes cantidades, lo que facilita la fecundación.

b) **Fecundación interna:** tiene lugar en el aparato sexual femenino, en el que el macho deposita los espermatozoides. Allí hay la suficiente humedad como para llevar a cabo el encuentro entre espermatozoide y óvulo.

En ambos tipos de fecundación, cuando un espermatozoide alcanza el óvulo, lo atravesará gracias a las enzimas que contiene en el acrosoma. Una vez dentro del óvulo, éste creará una membrana, la membrana de fecundación, que impedirá la entrada de otros espermatozoides.

Una vez fecundado el óvulo, el núcleo de éste sufre un aumento de tamaño, pasando a llamarse pronúcleo femenino. A su vez, el espermatozoide que ha entrado, pierde la cola y su núcleo también aumenta de tamaño, transformándose en el pronúcleo masculino. La unión de estos dos pronúcleos formará el núcleo del nuevo zigoto o huevo, transformándose en una célula diploide. Esta fusión dura menos de una hora y, a partir de entonces, se inicia la primera etapa del desarrollo: la segmentación.

4.2. Segmentación

El cigoto se divide en múltiples células (blastómeros) de una forma peculiar: no existe aumento de tamaño sino únicamente una subdivisión de la masa citoplasmática inicial.

La segmentación puede ser de diferentes tipos dependiendo de la distribución del vitelo en el huevo original:

- Poco vitelo distribuido uniformemente→ huevos isolecitos.
- Cantidad moderada de vitelo concentrada en un polo (polo vegetativo)→ huevos mesolecitos.
- Gran cantidad de vitelo concentrada en el polo vegetativo → huevos terolecitos.
- Mucho vitelo concentrado en masa central → huevos centrolecitos.

Para entendernos, el vitelo "entorpece" la formación de los ejes de segmentación. Si éste es poco abundante, la segmentación se distribuye uniformemente (oloblastica, propia de equinodermos, tunicados, cefalópodocordados, nemertinos, casi todos los moluscos, marsupiales y mamíferos placentarios, incluida nuestra especie). Si el vitelo es muy abundante, las células que queden sobre este vitelo no podrán dividirse (segmentación meroblástica). Un caso especial es la segmentación discoidal meroblástica. A partir de huevos terolecitos, donde las divisiones quedan restringidas a un estrecho disco sobre el vitelo. Esta segmentación es típica de aves, reptiles, casi todos los peces, algunos anfibios, los cefalópodos y los mamíferos monotremas.

La cantidad de vitelo determina que el desarrollo sea directo (el embrión no pasa por fases larvarias) o, si esta es baja, indirecto (el embrión pasa por diversas fases larvarias).

4.3. Blastulación

La masa de células resultante de la segmentación se reordena (en la mayoría de animales las células se disponen en una sola capa alrededor de una cavidad hueca llena de líquido (denominada blastocele), formando una blástula (en mamíferos, blastocisto). Excepto las esponjas, el resto de animales continuarán su desarrollo a partir de este punto.

4.4. Gastrulación

Aunque existen diferentes mecanismos, el más común es la invaginación de una zona de la pared de la blástula, de manera que se forma una cavidad digestiva denominada arquénteron o gastrocele, abierta al exterior por el blastoporo. Las células de la cavidad darán lugar al endodermo, y las de la superfie externa al ectodermo, quedando así formadas las dos primeras hojas embrionarias. Los animales que detienen aquí su desarrollo embrionario se denominan diblásticos (son, por ejemplo, las anémoras de mar y los ctenóforos).

La mayoría de animales fabrican una tercera hoja o mesodermo (animales triblásticos). Este puede formarse de dos maneras:

- Unas células endodérmicas cercanas al blastoporo migran hacia el blastocele.
- La zona media de la pared del arquénteron se ensancha migrando hacia el blastocele.

Curiosamente los anfibios utilizan además algunas células ectodérmicas en la formación del mesodermo (que se denomina, sólo en ese caso, ectomesodermo).

La gastrulación continúa y, poco a poco, el mesodermo va ocupando el blastocele. El siguiente paso es la aparición de una cavidad rodeada exclusivamente por células mesodérmicas: el celoma. Ésta puede generarse por enterocelia (es decir, directamente mientras se va expandiendo el mesodermo desde la porción media del arquénteron) o por esquizocelia (se forman una serie de cordones mesodérmicos, que se ahuecan dando lugar a la cavidad celomática).

4.5. Tejidos derivados de cada una de las hojas embrionarias

Tomando como modelo un mamífero, a partir de las capas generadas en la gastrulación, se fabrican los siguientes tejidos:

- Derivados del ectodermo
  - Sistema nervioso
    - Derivados del tubo neural (encéfalo, medula espinal y nervios motores)
    - Derivados de la cresta neural (porción dura de los dientes, nervios sensoriales, nervios simpáticos, huesos del cráneo, arcos branquiales, medula adrenal)
  - Epitelios externos
    - Piel y productos duros de excreción, glándulas sudoríparas, epitelio olfativo, cristalino, esmalte de los dientes.

- Derivados del mesodermo
  - Sistema circulatorio (eritrocitos), vasos, ganglios y células.
  - Derivados de los somitos (musculatura esquelética, tejidos óseo y cartilaginoso no craneales, tejido conjuntivo, dermis,...)
  - Sistema urogenital

- o Revestimiento de cavidades internas
- o Notocorda

- Derivados del endodermo
  - o Tracto digestivo y glándulas anejas
  - o Epitelio respiratorio y glándulas cercanas (tiroides, paratiroides)
  - o Epitelio urogenital

5. CICLOS BIOLÓGICOS

Los ciclos vitales se encuentran determinados por el momento en el que se produce la meiosis para la formación de células haploides. De este modo encontramos:

- **Ciclo biológico haplonte**: la meiosis tiene lugar en la primera división del zigoto (que será **2n**), pasando éste tras esta división a ser un organismo haploide. La formación de los gametos se ha producido a partir de mitosis de células haploides. Es el caso de diversos grupos de algas y de hongos.

- **Ciclo biológico diplonte**: la meiosis tiene lugar durante la formación de los gametos (únicas células **n** del proceso). La unión de los gametos dará lugar a un zigoto diploide que a través de mitosis formará el individuo adulto. Es el caso de los metazoos.

- **Ciclo biológico diplohaplonte**: este ciclo se va a caracterizar por la alternancia de dos tipos de individuos, uno diploide y otro haploide. El zigoto se trata de un organismo diploide que mediante mitosis dará lugar al esporofito. Éste se reproduce por esporas, cuya formación se ha realizado mediante meiosis, y darán lugar a otro organismo también haploide, el gametofito, quien formará los gametos. Por la unión de los gametos se formará el nuevo zigoto. Este es el caso de los vegetales superiores y muchas algas.

6. CONCLUSIÓN

He comentado los mecanismos, ventajas e inconvenientes de los procesos de reproducción sexual y asexual, para pasar a centrarme posteriormente en los primeros.

Tras una exposición de los procesos de formación de células germinales, he tratado de explicar cómo se produce la fecundación en metazoos y cuáles son los principales pasos de su desarrollo embrionario.

Finalmente, he comentado los diferentes tipos de ciclos biológicos que podemos distinguir como mayoritarios en los seres vivos. Con esto doy por concluida mi exposición.

Bibliografía útil:

ALBERTS, B. y otros. (2004) "Biología molecular de la célula", 4°ed, Ed. Omega.

HICKMAN, C.P. y otros (2006) "Principios integrales de zoología" 13° ed, Ed. McGraw Hill

KARP, G. y GEER P.vD. (2005) "Biología celular y molecular: condeptos y experimentos" Ed. McGraw Hill.

LODISH, H. y otros. (2005) "Biología celular y molecular", Ed Panamericana

0. INTRODUCCIÓN

Intentar clasificar de una forma lógica y práctica a todos los seres vivos ha sido un reto que, aún en nuestros días, es difícil de conseguir. En este tema nos vamos a centrar en el estudio de los sistemas de clasificación que se han propuesto para tal fin. También veremos las características que definen a cada uno de los cinco reinos de seres vivos y, finalmente, otros seres que se encuentran entre lo vivo y lo inerte, los virus, así como otras partículas que no llegan al nivel celular y pero que tienen una gran importancia agrosanitaria.

Los aspectos que se podrían tratar sobre el tema ocupan grandes volúmenes de libros, así que intentaremos hacer un resumen lo más completo posible. Po otra parte, esta gran cantidad de información nos da una idea de la gran importancia que han tenido y tienen estos temas en el mundo científico. Por otra parte, las ideas de este tema son partida para el desarrollo de temas posteriores, como es el estudio, más en profundidad de los distintos reinos de organismos.

Para la exposición de este tema seguiré el siguiente orden...

(es muy conveniente exponer con claridad, aquí al principio, el orden que se va a seguir, leer el índice de una forma ágil)

1. LA CLASIFICACIÓN DE LOS SERES VIVOS. TAXONOMÍA Y NOMENCLATURA

Se cree que en nuestro planeta habitan entre tres y seis millones de especies de seres vivos. Este gran número hace necesaria una clasificación de todos ellos.

1.1. Nomenclatura

Podríamos definir la **nomenclatura** como un sistema que nos ayuda a nombrar a las distintas especies.

Ya a finales del siglo XVII, John Ray introdujo el concepto de **especie**. Éste lo podemos definir, en palabras de Ernest Mayr (1940), como *"un grupo de poblaciones naturales cuyos individuos se cruzan entre sí, de manera real o potencial, y que están reproductivamente aislados de otros grupos"*.

La nomenclatura nace en el siglo XVIII cuando Carl von Linné (1707-1778) ideó un **sistema binomial de clasificación**. Lineo era un naturalista entusiasta de su época que se dedicaba a coleccionar organismos (plantas básicamente). A cada uno de ellos le dio un nombre, el nombre de la especie; luego ordenó las especies en géneros, los géneros en familias, éstas en órdenes y los órdenes en clases.

Partiendo de las bases establecidas por Lineo, actualmente cada organismo recibe un nombre único, en latín (o bien latinizado) que consta de dos partes: la primera, llamada **nombre genérico** o, simplemente, **género**, que es igual para todos los organismos que pertenecen a ese género. La segunda, el **nombre específico** o **especie**, que distingue a cada organismo de los demás del mismo género. Por ejemplo, tenemos *Quercus ilex, Q. humilis, Q. faginea...,* que son especies distintas pero que pertenecen al mismo género. El epíteto específico (el nombre de la especie) carece de sentido por sí solo, pues pueden existir diferentes especies que coincidan en el nombre específico, pero que se diferencian por el nombre genérico. Este es el caso, como ejemplo de *Mus musculus*, el ratón común, y *Balaenoptera musculus*, la ballena azul.

Por convención, el nombre de la especie se escribe en cursiva, o subrayado cuando se escribe a mano o a máquina, con la primera letra del nombre genérico en mayúscula y el epíteto específico en minúscula.

Generalmente, género y especie hacen referencia a una característica de la biología de la especie, pero en ocasiones también se le puede dar el nombre en honor a algún científico, del lugar donde se ha encontrado, etc. Veamos el ejemplo del álamo blanco, cuyo nombre científico es *Populus alba*: "populus" viene del latín y quiere decir *pueblo* (árbol del pueblo), pues era un árbol muy frecuente en las ciudades romanas, y "alba" viene también del latín y quiere decir *blanco*, pues el envés de la hoja es de color blanquecino y sirve para distinguirlo de otra especie, el *Populus nigra*. Otro ejemplo es el de *Welwitschia mirabilis*, que debe su nombre al científico Friedrich Welwitsch, que la descubrió en 1860 en los desiertos de África del Sur.

El nombre científico evita las ambigüedades que generan los nombres populares o, en otros casos, distinguen especies que tienen el mismo nombre vulgar o, simplemente, no tienen nombre (frecuentemente, pasa esto con las especies poco conocidas o que pasan desapercibidas). Además, nos sirve para conocer una especie en diferentes lenguas, pues el nombre científico de una especie es invariable en todo el mundo.

En ocasiones, tras el nombre de la especie, se pone el nombre del autor (o su inicial si es muy conocido) y el año en que la describió. Por ejemplo, *Populus alba (Lineo, 1753)*. En el caso de que haya sido bautizada por diferentes autores, se queda con el nombre con el que primero fue descrita.

1.2. Taxonomía

Taxonomía viene del griego *taxis*, "disposición", "ordenamiento", y *nomos*, "ley", "norma", "regla". Podríamos definirla como la ciencia que se encarga de establecer unas reglas para la clasificación de los seres vivos. Todo grupo, de cualquier tamaño que sea, se denomina taxón. En la práctica, la taxonomía lo que hace es estudiar las características de un organismo y asignarlo a un taxón determinado.

Las especies se organizan de forma jerárquica, de manera que todo taxón está incluido dentro de otro de mayor tamaño. Así mismo, cada taxón contiene a otros taxones. La jerarquía y el número de taxones ha ido aumentando con el paso del tiempo desde los tiempos de Lineo, pues se conocen más especies y más caracteres para distinguirlas. Por ejemplo, el reino animal contiene, actualmente, siete categorías (taxones) obligados: Reino, Filo, Clase, Orden, Familia, Género y Especie. Todo animal que se clasifique debe ordenarse, al menos, en estos siete taxones. No obstante, estos rangos pueden subdividirse o agruparse en otros: superclase, infraclase, superorden, suborden…, lo que facilita su estudio, especialmente en grupos grandes. Desgraciadamente, todo esto aumenta también la complejidad del sistema.

A lo largo de los años, y con la aparición de nuevas técnicas, el número de caracteres utilizados en taxonomía ha ido aumentando. Al principio, se utilizaban datos puramente morfológicos; hoy día, además, se vienen utilizando datos moleculares, bioquímicos, evolutivos y, sobre todo, genéticos.

1.3. Sistemas de clasificación

Ante la gran cantidad de especies existentes, se hizo necesaria su ordenación y clasificación en grupos que facilitaran su estudio. Así, se empezaron a distribuir las especies en grupos según sus parecidos morfológicos.

Pero a partir de la publicación de la teoría evolutiva de Darwin en 1856, los sistemas de clasificación intentaron reflejar en sus clasificaciones la historia evolutiva de la vida. Así, las clasificaciones se convirtieron en **filogenias**, o sea, en árboles genealógicos (evolutivos) de las especies. Apareció la **Filogenia** como ciencia, que intenta relacionar entre sí a todas las especies actuales y extintas, en un árbol evolutivo común.

Para realizar las filogenias, se estudian determinados rasgos de los organismos llamados **caracteres**. Estos caracteres pueden ser morfológicos, embriológicos, moleculares..., y son en los que se basan las diferentes filogenias.

También se definen conceptos clave como *carácter ancestral*, *estado derivado*, *polaridad*, *comparación con un grupo externo*, *clado*, *sinapofkorfía* (carácter derivado compartido por un clado), *plesiomorfía* (carácter ancestral para un taxón), *clakdograma*, *árbol filogenético*... Unos de los conceptos más utilizados son los de *homología*, *analogía*, *isología* y *homoplasia*, y su distinción radica en si presentan el mismo origen, función y estructura o no, como se muestra en la tabla de abajo. Hay que tenerlos muy claros para no cometer errores en la clasificación, como en muchas ocasiones ha pasado.

CONCEPTO	ORIGEN	FUNCIÓN	ESTRUCTURA	EJEMPLO
HOMOLOGÍA	si	no	si	pata de un reptil y aleta de una ballena
HOMOPLASIA	no	si	si	capacidad de volar en aves y murciélagos

ISOLOGÍA	si	si	si	pata de un caballo y de un burro
ANALOGÍA	no	si	no	ala de un ave y de una mariposa

A lo largo de los últimos siglos, se han propuesto diferentes teorías con el objetivo de crear clasificaciones lo más objetivas posibles y, a la vez, que sean lógicas y prácticas. Vamos a ver, rápidamente, tres de ellas, que son de las que más se haba en Filogenia:

- **Taxonomía evolutiva tradicional.** Fue elaborada por George Simpson (1902-1984), y considera dos principios: 1) *la ascendencia común* y 2) *la adaptación evolutiva*. Siguiendo estas normas, a la hora de crear un árbol filogenético, los taxones han de tener un origen común y características adaptativas exclusivas. Un problema que tiene es que presenta una alta subjetividad, pues se establecen grupos diferentes cuando aparece un carácter nuevo. Esto se debe a que creen que las adaptaciones a un nuevo nicho deben estar reflejadas en la clasificación. Por ejemplo, las aves deben considerarse un grupo por sí solas y aparte de los reptiles.

- **Sistemática filogenética o cladista o, simplemente, cladismo.** Elaborada por Willi Hennig (1913-1976). Esta escuela considera como base de la filogenia únicamente la *ascendencia común*, y para su elaboración se basa en el estudio de los **cladogramas**, que los consideran un reflejo exacto de la evolución de las especies. Consideran muy importante que los taxones sean monofiléticos, es decir, que cada grupo se ha de definir por unas características propias, como es la presencia de pelo y glándulas mamarias en los mamíferos y no estudios de ADN o presencia de médula espinal, pues esto lo comparten con otros grupos. No consideran, por tanto, el cambio acumulado en un linaje (a diferencia de los feneticistas). Aunque es un clasificación muy lógica, a veces resultan agrupaciones algo extrañas, como es la unión de las aves y reptiles en un mismo grupo al mismo nivel, por ejemplo, que los mamíferos o los anfibios.

- **Sistemática fenética o feneticismo.** Esta escuela es defendida por Sreath & Sokal Esta escuela utiliza para elaborar sus clasificaciones cualquier tipo de caracteres, pues consideran que cuanto mayor sea éste, mayor será la concordancia entre el árbol filogenético resultante y la filogenia real de las especies. Los fenéticos han desarrollado la **taxonomía numérica**, asignándole a cada carácter un valor y tratándolos con procesos estadísticos. De esta manera surgen árboles con distancia evolutivas, llamados **fenogramas**.

De todas estas escuelas o teorías, la que más se utiliza actualmente se basa en los principios de la sistemática evolutiva revisada por los principios cladistas. No obstante, también cabe decir que no todas las propuestas son adecuadas para todos los grupos de seres vivos, ni se deben considerar como inamovibles ni como soluciones absolutas. Por ejemplo, en el grupo de las bacterias se da un fenómeno conocido como **transferencia horizontal de genes** (unas bacterias pasan genes a otras sin que exista una relación directa entre progenitor y descendencia), y esto de da lugar a una **evolución reticulada**, muy difícil de plasmar en un árbol filogenético, lo que complica, aún más, el reconocimiento de grupos monofiléticos (es decir, grupos con un ascendente común y que incluyan a todos los derivados de éste).

Por otra parte, está el problema de que los caracteres que se utilizan para clasificar a los miembros de un grupo, no siempre son válidos para clasificar a otros grupos. Por ejemplo, para la clasificación de muchos insectos se utiliza la nerviación de las alas, carácter que no se puede utilizar para clasificar, por ejemplo, a los mamíferos (ni entre ellos ni con otros grupos). En los últimos años ha surgido una nueva herramienta que resuelve en parte este problema, la **sistemática molecular**. Ésta es un método que se basa en marcadores moleculares que registran el cambio evolutivo. Al principio se utilizaron proteínas, pero actualmente lo más utilizado es el ADN, directamente. Esto hace posible la construcción de una filogenia de todos los seres vivos y, consecuentemente, la posibilidad de una clasificación única, pues todos los organismos poseen ADN.

2. LOS CINCO REINOS, RELACIONES EVOLUTIVAS

2.1. Introducción

Todos los seres vivos conocidos se pueden agrupar en cinco grandes grupos llamados reinos.

Desde tiempos de Aristóteles (s. IV) hasta bien avanzado el siglo XIX, se consideraban únicamente dos reinos: el reino vegetal y el reino animal, y entre ellos dos se repartían todos los seres vivos conocidos. Con el descubrimiento y desarrollo del microscopio óptico se descubrieron gran cantidad de microorganismos que necesitaban ser clasificados. A finales del s. XIX, Ernest Haeckel propuso la construcción de un tercer reino, los *protistas*, que estaría compuesto por todos los microorganismos descubiertos. Aquéllos que carecían de núcleo (bacterias y cianobacterias) los llamó moneras.

En los años siguientes, los acontecimientos se suceden más rápidamente. En 1937, Edouard Chatton denominó *procariotas* a las bacterias y cianobacterias, que no tenían núcleo, y *eucariotas* a las células de animales y plantas, con núcleo. En 1956, Herbert Copeland clasifica a las bacterias como *reino monera*, independientemente de los protistas.

En 1959, R. H. Whittaker propone una clasificación general de los seres vivos en cinco reinos: monera, *protista*, fungi, plantas y animales. Más tarde, en 1978, el propios Whittaker y Margulis propusieron una modificación en estos grupos, incluyendo junto con los protistas a las algas, y llamaron a este nuevo grupo protoctista. Así, los cinco reinos quedaron de la siguiente manera:

- **Reino Moneras**: incluye a las bacterias.

- **Reino Protoctistas**: contiene a las algas, protozoos y mohos.

- **Reino Fungi u Hongos**: hongos y líquenes.

- **Reino Animales**: todos los vertebrados e invertebrados.

- **Reino Plantas**: musgos, helechos, coníferas y fanerógamas.

Hasta 1977 el reino se consideraba la categoría más grande de clasificación. Pero tras el análisis de estudios moleculares, Carl Woese elaboró un árbol filogenético único en el que se diferenciaban claramente tres linajes evolutivos, los que denominó **dominios**. Según él, habría que considerar tres dominios:

- **Dominio Archaea**: bacterias antiguas con características morfológicas y moleculares propias.

- **Dominio Bacteria**: bacterias más modernas, con características algo más parecidas a los eucariotas.

- **Dominio Eukarya**: incluiría a todos los organismos eucariotas.

Cabe decir, no obstante, que esta clasificación en dominios es poco utilizada en el uso cotidiano. Además, esto implicaría la división del reino moneras en dos.

En los siguientes apartados vamos a describir, brevemente, los cinco reinos. En los próximos todo esto se verá ampliado. Podrían ser muchas las características que se pueden coger para hacerlo, pero resaltaremos, para nuestras intenciones, las más importantes a modo de esquema.

2.2. Reino moneras

Los organismos que pertenecen a este reino se caracterizan por:

- ser todos procariotas, y estar todos los procariotas incluidos en este reino.
- son unicelulares, aunque algunos pueden llegar a formar colonias o filamentos.
- no tienen órganos limitados por membrana; el único orgánulo que presenta son ribosomas.
- pueden presentar flagelos, pero con una estructura propia distinta a los del resto de grupos.
- la división es simple, es decir, no presentan los procesos de mitosis ni meiosis.
- según la forma de nutrirse pueden distinguirse tres grupos: autótrofos (las cianobacterias), heterótrofos oxigénicos y heterótrofos anoxigénicos.

2.3. Reino protoctistas

Este grupo ha sido considerado, en muchas ocasiones, como un cajón de sastre, donde se incluían organismos que no encajaban del todo en otros grupos. De hecho, se ha venido definiendo por exclusión, es decir, un grupo que incluye organismos que no son animales, ni vegetales, ni hongos, ni procariotas. No obstante, se pueden caracterizar por los siguientes rasgos:

- son todos eucariotas, con núcleo en sus células.
- pueden ser unicelulares o pluricelulares pero, en este caso, nunca presentan tejidos verdaderos.
- son aerobios, respiran oxígeno.
- se dividen por medio de mitosis y meiosis.
- pueden presentar cilios y flagelos.
- presentan centriolos con estructura 9+2.
- incluye a las algas eucariotas (unicelulares y pluricelulares), hongos acuáticos flagelados, mixomicetes, laberintulomicetes y protozoos.

2.4. Reino hongos

Los organismos que se incluyen en el reino hongos presentan las siguientes características:

- son eucariotas aerobios.
- forman esporas para reproducirse.
- carecen de flagelos.
- presentan micelio, que es una masa de hifas que constituye la forma vegetativa.
- son haploides dicariontes, lo que quiere decir que sus células presentan dos núcleos haploides en algún momento de su vida, que se unirán para formar hifas diploides antes de la reproducción.
- durante su ciclo, las hifas monocarióticas se fusionan y dan lugar a una hifa dicariótica; posteriormente, los núcleos de estas hifas se unen y forman un zigoto, que se dividirá y dará lugar a esporas haploides.

2.5. Reino vegetales

Los vegetales o plantas presentan una serie de rasgos propios que las caracterizan:

- son eucariotas pluricelulares diploides y autótrofos.
- se desarrollan a partir de un embrión que no produce blástula.
- sus células presentan plastidios, aunque esta no es una característica exclusiva ni general.
- alteran generaciones haploides y diploides, llamadas *gametófito* (produce gametos por mitosis) y *esporófito* (produce esporas por meiosis), respectivamente. Según la importancia que tenga uno u otro en el ciclo vital, se pueden distinguir tres grupos:
  - Briófitos: domina la fase de gametófito.

- Helechos: domina el esporófito; gametófito de pequeño tamaño.
- Plantas superiores: domina el esporófito, hallándose el gametófito reducido a unas pocas células.

2.6. Reino animales

Los animales tienen las siguientes características:

- son eucariotas pluricelulares diploides y heterótrofos.
- la meiosis es gamética, es decir, no se generan individuos haploides, sino directamente las células reproductoras.
- las células se encuentran unidas por estructuras complejas (desmosomas, uniones gap...).
- tras la fecundación se genera un zigoto que se transforma en una blástula y éstas, tras transformaciones sucesivas, dará lugar al individuo adulto.

3. LOS VIRUS Y SU PATOLOGÍA

Los virus son cuerpos acelulares que no se incluyen en ninguno de los reinos que hemos visto anteriormente. Aún se discute si son realmente seres vivos (ya que se reproducen, están formados por compuestos orgánicos...) o no (cristalizan como la materia mineral, no cumplen algunas de las funciones de los seres vivos como la nutrición...). Así, se puede decir que su nivel de organización se encuentra entre lo vivo y lo inerte.

Son parásitos intracelulares obligados, presentado una alternancia entre estadios intracelulares y extracelulares, en su ciclo. Su tamaño es muy pequeño, oscilando entre 0,02 y 0,3 micras.

Fueron descubiertos en 1892 por Dimitri Ivanowski cuando estudiaba la enfermedad del mosaico del tabaco. En este momento, él no sabía que se trataba de un virus. Los científicos Löfter y Frosh, en 1898, dijeron que el causante de la enfermedad era un virus, y no una sustancia tóxica como se pensaba al principio.

3.1. Estructura

La estructura de un virus es muy simple. Un virus está formado por: un ácido nucléico, una cubierta proteica y una envuelta de membrana plasmática (ésta última no siempre está).

- **Ácido nucléico (genoma)**. El material genético de los virus es muy variable. Puede ser ADN o ARN, pero nunca los dos. El ARN puede ser lineal monocatenario o lineal dúplex. El ADN puede ser lineal monocatonario o dúplex, circular monocatenario o circular dúplex.

- **Cápsida**. Es una cubierta proteica que rodea al material genético. Está formada por subunidades llamadas **capsómeros**. Existen diversos tipos de virus según la forma de la cápsida:

  - Poliédricos: tienen la cápsida con forma de poliedro.
  - Helicoidales: los capsómeros están dispuestos helicoidalmente en torno al ácido nucléico.
  - Complejos: tienen cabeza, cola y sistemas de anclaje. La cabeza es poliédrica, la cola helicoidal y los sistemas de anclaje son una especie de espinas terminales.

- **Envuelta externa**. Se trata de una envuelta membranosa que rodea la cápsida, de estructura y composición similar a la bicapa lipídica de la célula que parasitan, con alguna glicoproteína de origen vírico. No la presentan todos los virus, pero es frecuente en los virus animales.

3.2. Ciclo vital

A diferencia de otros organismos, los virus no se nutren, ni se relacionan, ni tienen un metabolismo propio. Por este motivo, todos los virus necesitan de una célula para completar su ciclo, utilizando la maquinaria de ésta para duplicar su material genético y sintetizar nuevas proteínas víricas.

El ciclo vital de un virus, también conocido como ciclo de replicación, puede dividirse en varias etapas:

- **Contacto virus-célula**. Un virus se adsorbe a una célula hospedadora de manera específica, existiendo un reconocimiento entre las proteínas víricas y las de la célula parasitada. En ocasiones, los receptores son pilis o flagelos u otros componentes de la envoltura celular. En vegetales, los virus suelen entrar por roturas de la pared celular.

- **Penetración**. Tras el contacto, el virus entra en la célula. Esta es la fase de inyección. En el caso de que los virus tengan envuelta membranosa, entran en la célula por fusión de membranas. Si no tiene, pueden entrar bien por fagocitosis, bien por inyección (entrando sólo el material genético), en el caso de los virus complejos.

- **Síntesis de enzimas**. Tras la infección, existe un periodo de latencia en el cual el material genético se libera de la cubierta y no existe la partícula vírica completa. En este momento, el virus altera la maquinaria biosintética de la célula hospedadora y sintetiza enzimas víricas, que serán necesarias para la posterior síntesis del material genético viral.

- **Replicación del material genético viral**. El virus utiliza los mecanismos replicativos de la célula para sintetizar el material genético propio.

- **Síntesis de los componentes de la partícula vírica**. A continuación, se sintetizan las proteínas víricas que formarán la cápsida vírica.

- **Ensamblaje**. Una vez sintetizado tanto el material genético como los capsómeros, éstos se ensamblan formando los nuevos virus.

- **Liberación**. Los nuevos virus pueden salir de la célula básicamente de dos formas: bien generando una enzima que degrada la membrana y los libera, bien formando una especie de vesícula de exocitosis que envuelve a las partículas víricas y las dota de una envoltura membranosa.

Todo esto que hemos explicado hasta ahora se conoce como **ciclo lítico**. No obstante, los **viriones** (así se conocen a los virus cuando están dentro de la célula) introducidos en la célula pueden seguir otra ruta llamada **ciclo lisogénico**. Éste consiste en producir copias del material genético vírico e introducirlo dentro del material genético de la célula, de manera que cuando ésta se replica, lo hace también el virus. La célula (la mayoría de veces son bacterias) lleva a cabo un comportamiento normal hasta que, por algún factor externo, se desencadena el ciclo lítico.

El virus en este estado se conoce como **profago**. Una célula que contenga un profago puede hacerse inmune al ataque de otros virus, lo que le puede ser ventajoso en algún momento. Pero también puede hacer que la célula adquiera nuevas propiedades, o bien, producirle mutaciones.

3.3. Clasificación

Los virus se pueden clasificarse en función de varios aspectos: tipo de ácido nucléico que presenten, forma de la cápsida, tipo de célula que infectan, enfermedades que provocan, etc. Vamos a ver dos clasificaciones:

- Según el tipo de ácido nucléico que presentan se clasifican en:

  - **Virus con ARN**. Éste puede ser:

    o ARN monocatenario: son los llamados **retrovirus**, y pueden ser:
      - *Sin envoltura*: aquí tenemos el *virus del mosaico del tabaco* y el *virus de la polio*.
      - *Con envoltura*: *virus de la rabia, sarampión, gripe, sida, rubeola*, algunos tipos de *virus del cáncer*...

    o ARN bicatenario:
      - *Sin envoltura*: como el *reovirus*.
      - *Con envoltura*: *cystovirus*.

  - **Virus con ADN**. Puede ser:

    o *ADN monocatenario*: todos sin envoltura, como el *X-174*.

    o *ADN bicatenario*: pueden ser:

- *Sin envoltura: virus de las verrugas, adenovirus.*
- *Con envoltura: viruela, hepatitis, herpes.*

- Según la célula hospedadora que parasitan pueden ser:

  - **Virus bacterianos o bacteriófagos.** Atacan a bacterias.

  - **Virus animales**. Atacan a células animales. Pueden tener ADN o ARN, con o sin envuelta.

  - **Virus de plantas**. Atacan a vegetales.

3.4. Patologías víricas

Para el estudio de las enfermedades producidas por virus, que son muy variadas, iremos viéndolas agrupadas por grupos de virus.

- **Poxvirus**. Son virus con envoltura y con ADN bicatenario. Afectan a células animales produciéndoles lesiones en forma de vesículas. Destacamos:

  - **Viruela**: estos virus producen en la piel una especie de bultos, que generaban profundas cicatrices cuando desaparecían. Fue la primera enfermedad infecciosa erradicara del mundo.
  - **Mixomatosis**: enfermedad frecuente en conejos, que causa numerosas bajas, aún hoy día.

- **Herpesvirus**. Son virus con envoltura, y ADN bicatenario. Causa lesiones en la piel, el *herpes*. Puede permanecer latente durante un largo periodo de tiempo, activándose en los periodos de estrés. Destacamos:

  - **Virus de la varicela**: La *varicela* es una enfermedad infantil. El virus infecta los nódulos linfáticos y se disemina por todo el cuerpo. Forma en la piel unas vesículas características.

  - **Herpes zoster**: se trata de un virus física e inmunológicamente igual que el anterior, que aparece de forma recurrente en adultos. Tiene la particularidad que sólo afecta a personas que previamente han sido infectadas por el virus de la varicela.

- **Adenovirus**. Son virus con ADN bicatenario sin envoltura. Es un grupo de virus animales. Producen **enfermedades respiratorias** con diferentes grados patológicos. Algunos son **oncogénicos**.

- **Picornavirus**. Son virus de pequeño tamaño de ARN monocatenario y sin envoltura, que causan infecciones en el hombre, como la **poliomielitis**, **resfriados** o la **hepatitis A.**

- **Togavirus**. Son virus con ARN monocatenario con envoltura. Afectan tanto a artrópodos (muchas veces actuando como vectores) como a vertebrados. Una enfermedad que producen estos virus es la **fiebre amarilla**, que afecta a monos y humanos y que es endémica de África y Sudamérica. Un mosquito actúa de vector.

- **Retrovirus**. Son virus de ARN monocatenario con envoltura. Tienen **retrotranscriptasa**, una enzima que transforma el ARN en ADN, hecho que le permite integrarse en el ADN del hospedador. Producen dos enfermedades muy conocidas:

  - **SIDA**: es una enfermedad producida por el VIH (virus de la inmunodeficiencia humana). Este virus ataca a los linfocitos T, que son los encargados de generar la respuesta inmune. Al quedar sin defensa, el organismo se ve invadido por patógenos oportunistas que causan la muerte del organismo.

  - **Virus oncogénicos**: en ocasiones un virus se puede insertar en el ADN del hospedador ocasionándole una mutación, que puede convertir una célula en cancerosa.

- **Ortomixovirus**. Son virus con ARN monocatenario y con envoltura. Tienen la cápsida helicoidal. Presentan un fenómeno particular conocido como **cambio antigénico**, por el que dos partículas víricas que infectan una misma célula intercambian fragmentos de su genoma, cambiando sus antígenos de superficie y haciéndose resistentes a los anticuerpos formados durante el proceso de infección. En este grupo tenemos al **virus de la gripe**, que destruye las células de las vías respiratorias.

- **Paramixovirus**. Virus de ARN monocatenario con envoltura. Causan enfermedades como la **parainfluenza**, el **sarampión**, las **paperas** y **enfermedades respiratorias agudas**. En las paperas, el virus es transmitido a través de la saliva y las secreciones respiratorias, y ataca tanto el epitelio de las vías respiratorias como los nódulos linfáticos y las glándulas salivares.

- **Rabdovirus**. Son virus con ARN bicatenario y envoltura. Uno de ellos es el **virus de la rabia**, que entra por las heridas y las abrasiones de la piel. Se multiplica en el músculo y el tejido conectivo, pudiendo pasar al sistema nervioso produciendo encefalitis y, posteriormente, la muerte.

3.5. Origen

El origen de los virus viene asociado, debido a su carácter de parásitos y su especificidad, al origen de los organismos a los cuales parasita. Son una especie de "genes móviles" capaces de transportar información de una célula a otra. Es posible que se trate de elementos génicos celulares capaces de desplazarse de un punto a otro del genoma, y que más tarde adquirieran autonomía para replicarse independientemente del reto de la célula y moverse de unas a otras células de otros organismos.

Existen otras teorías que explican el origen de los virus a partir de un parásito que posteriormente degeneró hasta quedar reducido a su ADN, o bien como restos de elementos de ARN procedentes del llamado "mundo del ARN" primitivo. Otros, en cambio, postulan a que su origen está relacionado con los plasmidios como los que presentan algunas bacterias.

4. OTRAS PARTÍCULAS ACELULARES

Ciertamente, los virus son partículas que no pueden considerarse células ni, incluso, como seres virus. Pero si este caso es discutido ampliamente por su forma de "vida", mucho más perplejos nos dejan otras partículas que atacan a los seres vivos y les producen enfermedades, son de origen orgánico, pero no pueden ser consideradas tampoco como seres vivos... Su descubrimiento fue debido tras el estudio de ciertas enfermedades en las que no se detectaron bacterias ni virus como agentes infecciosos, sino que eran partículas menores. Veamos algunas de ellas.

4.1. Viroides

Son moléculas de ARN desnudo que se encuentran en las plantas, principalmente.

La primera en ser descubierta fue el **PSTV**, que causa la **enfermedad del tubérculo fusiforme de la patata**, en la que las patatas se retuercen y se agrietan. Se trata de una cadena de ARN circular simple, con regiones complementarias que dan un aspecto final de doble cadena.

Esta partícula infecciosa se replica en el nucléolo, copiado por una ARN polimerasa nuclear. La forma de transmisión no se conoce bien, pues sólo se encuentra en el nucléolo de las células y no transcribe a proteínas. Es posible, no obstante, que interfiera en la transcripción de las proteínas.

Los viroides son similares a algunos grupos de intrones que se autoensamblan. Por esta razón, algunos autores postulan la idea de que los viroides podrían ser antiguos intrones que han "escapado" de la maquinaria celular y han establecido una existencia parcialmente independiente.

4.2. Priones

Se trata de partículas proteicas pequeñas que se encuentran en animales y que, sorprendentemente, no están asociadas a ningún ácido nucléico. Ahora bien, se ha descubierto que el gen que las codifica se encuentra tanto en animales sanos como en los infectados.

Produce enfermedades como la **encefalopatía espongiforme**, que en las vacas se conoce como **encefalopatía espongiforme bobina (BSE)**, comúnmente llamada enfermedad de las "**vacas locas**". También causa el scrapie de las ovejas y la enfermedad de Creutzfelkt-Jackob en humanos que es, además, hereditaria. Estas enfermedades producen una especie de agujeros en el cerebro que le da un aspecto esponjoso (de ahí su nombre).

El cuerpo produce una proteína normal codificada por un gen. La transmisión de esta enfermedad se debe a que la presencia de una proteína alterada induce un cambio de conformación en la proteína normal, alterándola y transformándola en una igual a ella. De esta manera, se produce una reacción en cadena que acaba dañando el cerebro, alterando sus funciones y produciendo, en última instancia, la muerte del individuo.

Los priones pueden haberse originado por la mutación de un gen del individuo.

4.3. Otras partículas acelulares

Encontramos otras partículas que no llegan al nivel celular de organización. Algunas de ellas pueden llegar a producir enfermedades pero, otras muchas, simplemente están dentro de las células y llevan a cabo, incluso, algunas funciones de importancia para el individuo. Hay muchos tipos y formas, pero hablaremos de tres:

- **Virusoides**. Son pequeños fragmentos de ADN que llegan a parasitar a virus e inactivarlos.

- **Secuencias de inserción o transposones**. Son fragmentos de ADN que "saltan" de un lugar a otro del genoma y que pueden llegar a producir mutaciones dependiendo del lugar donde se inserten.

- **Plásmidos**. Se trata de moléculas de ADN bicatenario circular. Es frecuente en bacterias, pero también pueden aparecer en plantas. En muchas ocasiones, transportan información sobre la síntesis de nuevas proteínas, como pueden ser enzimas de resistencia a antibióticos.

5. CONCLUSIÓN

En este tema hemos podido analizar varios aspectos muy interesantes de la Biología, como son sistemas que se utilizan para clasificar a las especies, así como las características generales de los cinco reinos. Por último, hemos podido detenernos un poco en lo que es el mundo de los virus y de otras partículas que se encuentran entre lo vivo y lo inerte, pero que puede ser muy interesante su estudio desde un punto de vista médico y epidemiológico.

Sabemos mucho sobre los seres vivos que habitan en nuestro planeta, pero no ha resultado nunca fácil la tarea de clasificarlos y ordenarlo, pues la evolución es un proceso muy largo y muy complejo, difícil de resumir en unas pocas palabras.

Bibliografía útil:

BARNES, S. y CURTIS, E. (2006) "Biología", 6ª edición. Ed. Panamericana.

HICKMAN, C. y otros (2006) "Principios integrales de zoología", 13ª edición. Ed. McGraw-Hill.

INGRAHAM, J.L. y INGRAHAM, C.A. (1998) "Introducción a la microbiología", Ed. Reverté.

MARGYLIS, L. y SCHWARTZ, K. V. (1985) "Cinco reinos: guía ilustrada de los phyla de la vida en la tierra", Ed. Labor.

STRASBURGER, E. y otros (1994) "Tratado de botánica", 8ª edición. Ed. Omega.

STRICKBERGER, M. (1988) "Genética", 3ª edición. Ed. Omega.

TEMA 33

REINO MONERAS. LAS CYANOPHYTAS. LAS BACTERIAS Y SU IMPORTANCIA EN LA SANIDAD, LA INDUSTRIA Y LA INVESTIGACIÓN BÁSICA.

0. INTRODUCCIÓN

En este tema vamos a estudiar el grupo más simple de organismos, los procariotas. Todos ellos están incluidos dentro del reino moneras, pese a que algunos autores son partidarios de dividirlas en dos grupos diferentes, dadas las grandes diferencias que se encuentran en ellas.

Podríamos hablar de muchos aspectos de estos seres vivos, a pesar de lo simples que aparentan ser. No obstante, nos vamos a destacar los más relevantes, tanto de su biología como de las aplicaciones prácticas que podemos obtener de ellas.

Es un grupo muy importante en el medio ambiente, pues realiza un gran parte de las tareas de limpieza y descomposición de organismos muertos, pero también para el hombre, ya que se pueden extraer muchos beneficios de ellas (productos, medicinas...), como ya veremos más adelante, pero también por la potencialidad que tienen para generar enfermedades, tanto en poblaciones humanas como en las ganaderas y naturales.

Para la exposición de este tema seguiré el siguiente orden...

(es muy conveniente exponer con claridad, aquí al principio, el orden que se va a seguir, leer el índice de una forma ágil)

1

1. EL REINO MONERAS

Los moneras, las bacterias, son un grupo de organismos con unos rasgos muy primitivos, no siendo por eso, organismos mal adaptados a los ambientes donde viven. Al contrario, hemos de considerarlos como seres vivos que han mantenido características más bien primitivas, y éstas les han permitido colonizar ambientes inhóspitos para otros seres vivos.

1.1. Características generales

Todos los organismos que pertenecen a este grupo se caracterizan por lo siguiente:

- Son todos unicelulares, aunque pueden formar colonias y filamentos.
- Tienen ribosomas 70S, pero carecen de orgánulos limitados por membrana.
- Tiene una sola molécula de ADN circular, no rodeado por membrana, y que forma contiene todo el material genético que poseen estos organismos. El ADN se duplica justo antes de que la célula se divida asexualmente por fisión. No existe mitosis ni meiosis.
- Poseen, la gran mayoría, una pared celular que rodea la membrana externamente, de estructura y composición diferentes a las eucariotas.
- Tienen, algunos, flagelos de estructura simple, pero nunca cilios.

Además, este grupo se diferencia de los eucariotas pos las siguientes características:

- Son células pequeñas, entre 1 y 10 micras, o incluso menores,
- No tienen cromosomas, ni centriolos, ni microtúbulos ni sistemas de membranas.
- Su división es directa. Los sistemas sexuales (para la recombinación del material genético) son escasos (conjugación, transducción, transformación).
- Formas multicelulares escasas (nunca forman tejidos).
- Gran variedad de vías metabólicas.
- Gran variabilidad en los sistemas respiratorios (anaerobios, microaerófiolos, facultativos...).
- En especies fotosintéticas, los enzimas fotosintéticos se encuentran ligados a la membrana celular, y no empaquetados separadamente.

Son organismos que presentan una alta relación superficie/volumen, por lo que necesitarán tener un metabolismo muy elevado para sobrevivir. Se encuentran en gran variedad de ambientes. Son causa de importantes enfermedades, así como de procesos muy útiles para el ser humano.

Los moneras fueron los primeros organismos que habitaron sobre la superficie terrestre, hace más de 4.000 millones de años, y han estado solos aproximadamente el 80% de la historia de la vida. Todo este tiempo les ha permitido obtener un alto grado de diversificación, con gran variedad de sistemas metabólicos, y adaptarse a gran variedad de ambientes. A esto último ha contribuido su alta velocidad de crecimiento y multiplicación.

Es difícil crear una filogenia entre procariotas y eucariotas, pues las características para compararlos son escasas. Actualmente, a partir de estudios de ADN, se han podido crear tras grandes dominios: *Archaea*, *Eukarya* y *Bacterya*. Visto desde este punto de vista, los moneras formarían un grupo *parafilético*. No obstante, las razones para diferenciar dos grandes grupos dentro de las bacterias residen en formas y estructuras bioquímicas realmente muy dispares.

1.2. Clasificación

Para su clasificación, tradicionalmente se han utilizado caracteres fenotípicos. Pero el estudio genotípico ha permitido generar nuevos grupos.

La nomenclatura utilizada para nombrar a las bacterias es la binomial, siendo la unidad taxonómica básica la especie. Pero, a diferencia de otros organismos, la familia es el nivel taxonómico más alto que se utiliza en la práctica (análisis microbianos).

Por otro lado, la especie está definida por las características fenotípicas de una colección de **cepas** (clones), que son poblaciones de células genéticamente idénticas derivadas de una sola célula inicial. Se conservan **cepas-tipo** en diferentes instituciones reconocidas internacionalmente.

De la misma manera, la identificación de especies se realiza, en la práctica, mediante la observación de caracteres fenotípicos, como pueden ser el tipo y forma de la colonia, olor, temperatura óptima de crecimiento... Aunque éstos no tienen mucha importancia para la filogenia, son de gran utilidad en el diagnóstico médico.

El *Manual Bergey de Bacteriología Sistemática*, muy reconocido en el mundo científico, clasifica el reino Moneras en cuatro grandes divisiones:

-   **División Gracilicutes**. Entre otros aspectos, las bacterias de este grupo se distinguen por:

- Son gram negativas.
- Se pueden dividir por bipartición, gemación o escisión múltiple.
- Nunca forman endósporas, pero si exósporas.
- Pueden ser autótrofas o heterótrofas.
- Aerobias, anaerobias o facultativas.
- Son heterótrofas, algunas parásitos intracelulares obligados.
- Pueden moverse por flagelos, ser inmóviles o reptar.

- **División Firmicutes**.

  - Son gram positivas.
  - Se diveden por bipartición, normalmente.
  - Algunas formas endósporas.
  - Normalmente, son heterótrofas.
  - Pueden ser aerobias, anaerobias o facultativas.

- **División Tenericutes o Micoplasmas**.

  - Sin pared y, por tanto, gram negativas.
  - Se pueden dividir por gemación, fragmentación o bipartición.
  - Son inmóviles y no tienen formas de resistencia.
  - Son heterótrofos, saprófitos o parásitos.
  - Las colonias tienen una forma típica de "huevo frito".
  - Necesitan medios complejos de cultivo para hacerlas crecer.
  - Tienen un genoma mucho más pequeño que el resto de grupos.

- **División Mendosicutes o Arqueobacterias**.

  - Pueden ser gram positivas o negativas.
  - No tienen formas de resistencia.
  - Muchas móviles por flagelos.
  - Muchas son anaerobias estrictas.
  - Suelen encontrarse en ambientes extremos (halófilos, termófilos...).
  - Tienen una composición de la pared diferente al resto de bacterias. También son diferentes el ARNt, la estructura de algunos lípidos y la composición de la pared, que es muy variable y no todos la tienen.

2. CARACTERÍSTICAS GENERALES DE LOS PROCARIOTAS

Las características que comentaremos a continuación se basarán en las eubacterias. Al final, haremos una pequeña reseña con respecto a las arqueobacterias.

Los procariotas fueron observados por primera vez en 1683 por Leeuwnhoek. Al encontrarse generalmente asociados a productos de descomposición, se creía que aparecían por generación espontánea. Hoy día, este grupo tiene una gran importancia y sobre él se basan gran cantidad de estudios bioquímicos, moleculares y genéticos.

2.1. Morfología y fisiología bacterianas

Son organismos unicelulares, con unas formas más o menos constantes, pero que pueden verse influenciadas y alteradas por el medio ambiente donde se desarrollen. Las formas más comunes que encontramos son:

- **Bacilos**. Son alargados y cilíndricos, a veces agrupados en cadenas, que pueden ser lineales o estar ramificadas.

- **Cocos**. Redondos, en forma de bola. Pueden aparecer aislados o agrupados. En este caso, reciben diferentes nombres.

  - **Diplococos**: se encuentran unidos por parejas.
  - **Estreptococos**: forman líneas.
  - **Estafilococos**: forman racimos, como de uvas.
  - **Sarcinas**: adoptan formas cúbicas muy compactas.

- **Espirilos**. Tienen forma de hélice o espiral. Si la espiral es muy acusada se llaman entonces **espiroquetas**.

- **Vibrios**. Son cortos y curvados, en forma de coma.

La ultraestructura de las bacterias se estudia por medio del microscopio óptico, y su fisiología por medio de diversas técnicas bioquímicas y citológicas (marcaje, medios de cultivo, crecimiento...). Vamos a ver, a continuación, los componentes principales y las funciones que éstos realizan.

- **Pared bacteriana**. Está compuesta de **peptidoglucano** (también llamados *mureínas*), azúcares y péptidos específicos. El peptidoglucano está formado por dos tipos de azúcares, el *N-acetil-glucosamina* (G) y el

N-acetil-murámico (M); éstos se unen entre sí y forman complejas redes muy compactas.

En el siglo XIX, Christian Gram desarrolló una tinción para distinguir dos grandes tipos de bacterias, la **gram positvas** y las **gram negativas**, según el resultado que dieran al teñirlas con violeta de genciana. La diferencia básica entre estos dos grupos radica en que las gram + tienen una pared única pero muy gruesa, con ácidos teicóicos, mientras que las gram - tienen una pared mucho más delgada, pero rodeada externamente por una segunda membrana lipídica, y no poseen ácidos teicóicos. Además, las gram – tienen un lípido especial llamado *lípido* A.

Las funciones de la pared son dar forma a la célula, protegerla de los cambios osmóticos, regular el crecimiento y división celular, proteger contra agentes tóxicos, dar rigidez, etc.

- **Cápsula bacteriana.** Se trata de una envoltura externa a la pared bacteriana, de origen glucídico. Entre sus funciones están el almacenaje de nutrientes, regular el intercambio de iones y agua y proteger contra la desecación. No es una característica taxonómica pues, dependiendo de las condiciones del medio pueden formarla o deshacerse de ella.

- **Membrana plasmática.** Es una envoltura lipídica que delimita la célula. Está constituida por una bicapa lipídica, similar al de las células eucariotas, tanto en estructura como en grosor, aunque sin colesterol. Interiormente presenta unos pliegues, llamados **mesosomas**, que incrementan la superficie de intercambio y actúa como lugar de anclaje del cromosoma bacteriano. Entre sus funcionen destacan limitar la célula y contener el citoplasma, controlar el intercambio de sustancias, al contener anclado el material genético regula la duplicación de éste y, en bacteria fotosintéticas, contiene los pigmentos fotosintéticos.

- **Citoplasma.** El citoplasma bacteriano es de composición y estructura muy similar al de las células eucariotas. Contiene ribosomas, que son diferentes a los eucariotas, inclusiones lipídicas, de polisacáridos, de azufre (en bacterias del azufre), de fosfatos (llamados granos de *volutina*), etc. Finalmente, también contiene el material genético, que no está incluido en un núcleo. Éste es una doble hélice circular de ADN no asociada a proteínas (como pasa en los eucariotas). También pueden existir **plasmidios**, que se replican independientemente al cromosoma y que pueden contener genes de resistencia a antibióticos.

- **Flagelos**. Son apéndices filiformes, en número y longitud variable pero, generalmente, de mayor longitud que la propia bacteria y que permiten, entre otras cosas, la locomoción. Están formados por *flagelina*, que es una proteína que se dispone en forma helicoidal y que está anclada a un corpúsculo basal que actúa de motor. A diferencia de los flagelos eucariotas, no están rodeados por membrana. Los presentan, normalmente, las gram negativas. Algunas bacterias pueden tener **endoflagelos**, que son flagelos que se disponen entre la pared de mureína y la membrana externa.

- **Fimbrias**. Son filamentos huecos y delgados, de menor tamaño y estructura mucho más simple que los flagelos. Suelen ser numerosos y escasos. Están compuestas de *fimbrilina* y se encuentran en gram negativas. Actúan como sistemas de anclaje a sustratos y, en ocasiones, como transportadores de material genético durante la conjugación.

2.2. Funciones de relación

Las bacterias se relacionan con su medio, y alteran su comportamiento según las condiciones ambientales. Se mueven sobre el sustrato como respuesta a estímulos, como puede ser una fuente de alimento. Ante condiciones adversas, algunas especies pueden generar esporas de resistencia llamadas **endosporas**, que son muy resistentes al calor, a la desecación y a la presencia de productos químicos. Además, pueden permanecer años en reposo sin alterarse. Cuando las condiciones vuelven a ser favorables, las esporas germinan y forman la célula original. Son frecuentes, sobre todo, en las gram +.

2.3. Funciones de nutrición

Las bacterias, como grupo, tienen todas las vías metabólicas conocidas para obtener energía: autótrofas, fotosintéticas y quimiosintéticas, y heterótrofas, saprófitas, simbióticas, parásitas...

- **Autótrofas**. La fuente de carbono de estas bacterias es inorgánica, mientras que la fuente de energía puede ser solar (**fotosintéticas**) o química (**quimiosintéticas**).

  Las fotosintéticas pueden ser de dos tipos: **cianobacterias** y **bacterias del azufre verdes y púrpuras**. Las primeras contiene clorofila a, como las plantas superiores, utilizan agua y desprenden oxígeno. Las segundas poseen un pigmento especial llamado bacterioclorofila, que absorbe luz infrarroja, no utilizan agua como aceptor final de electrones, sino sulfuro de hidrógeno, y también desprenden oxígeno como producto residual.

Las quimiosintéticas, también llamadas *quimiolitotrofas*, obtienen energía de sustancias inrogánicas. Dependiendo del producto que oxiden se llaman **bacterias del azufre** (oxiden azufre), **bacterias del hidrógeno** (hidrógeno), **bacterias del metano** (metano), **bacterias del hierro** (hierro), **bacterias nitrificantes** (oxidan dióxido de nitrógeno y amonio).

- **Heterótrofas**. Obtienen el carbono de la materia orgánica y la energía de compuestos químicos (como, por ejemplo, los animales. Por esta razón, también se les llaman *quimioorganótrofas*. Descomponen materia orgánica, que les sirve tanto como fuente de carbono como de energía. Pueden ser *saprófitas, simbiontes* o *parásitas, según la relación que mantengan con otros organismos*; y según la respiración *aerobias, anaerobias* o *facultativas*.

2.4. Funciones de reproducción

Las bacterias se dividen asexualmente por bipartición, tras la duplicación del ADN, formando un tabique transversal en su citoplasma.

Ahora bien, existen algunos mecanismos mediante los cuales las bacterias pueden intercambiar fragmentos de ADN, creando así variabilidad genética. Estos mecanismos se llaman **parasexuales**. Destacamos tres:

- **Transformación**. Consiste en incorporar fragmentos de ADN que se encuentren en el medio procedentes de otras bacterias. De esta manera, las bacterias su composición genética. Esto les permite, por ejemplo, obtener resistencia frente a antibióticos.

- **Transducción**. Se transfiere material genético de una bacteria a otra a través de un bacteriófago, que actúa como vector entre ambas.

- **Conjugación**. Una bacteria, llamada *bacteria donadora*, transfiere material genético a otra bacteria, llamada *bacteria receptora*, mediante **pilis** (una especie de fimbría pero más largo). Muchas veces se transmiten plásmidos, es decir, fragmentos de doble hélice circulares que se encuentran fuera del cromosoma bacteriano aunque, en ocasiones, también pueden insertarse en él.

2.5. Ecología

Son organismos indispensables para el mantenimiento del equilibrio ecológico, pues se encargan de gran parte del reciclaje de la materia orgánica, cerrando así muchos ciclos biogeoquímicos.

Su gran éxito evolutivo se debe a varias razones:

- Son de pequeño tamaño.
- Tienen una alta tasa de replicación y mutación.
- Poseen una gran capacidad de adaptación a diferentes ambientes y gran resistencia a las condicione adversas.
- Forman esporas de resistencia, lo que les da la capacidad de permanecer en estado latente durante largos periodos de tiempo.

2.6. Arqueobacterias

Las arquobacterias son un tipo de bacterias que comparten muchas de las características que hemos visto hasta ahora (son unicelulares, tienen pared, formas de nutrición...). Pero también poseen otras características que las hacen diferentes a las anteriores como las que siguen:

- No tienen peptidoglucano en la pared.
- El ARNt es difente, aí como algunas moléculas como los lípidos.
- No presentan formas de resistencia.
- Muchas son anaerobias estrictas.
- Habitan en ambientes extremos como fondos abisales, aguas termales, fumarolas de volcanes, zonas salinas...

Se suelen distinguir tres grandes grupos, que se relacionan con el lugar donde viven:

- **Halobacterias**. Viven en lugares muy salados.

- **Metanógenas**. Viven en fondos pantanosos, ciénagas y tubo digestivo de algunos animales. Son anaerobias y producen metano a partir de dióxido de carbono e hidrógeno.

- **Termoacidófilas**. Habitan aguas calientes y ácidas, así como aguas termales acidófilas.

3. LAS CYANOPHYTAS

Las *cyanophytas*, o más comúnmente conocidas como **cianobacterias**, son un tipo de bacterias fotosintéticas. Son unicelulares, coloniales o filamentosas y tienen una gran importancia en los ecosistemas acuáticos, pues producen gran cantidad de materia orgánica que sustentan a eslabones superiores.

Hasta la década de los 80s se las clasificaba dentro del reino vegetal, y se las denominaba *algas verde-azuladas* o *cianofíceas*. Tienen una fisiología similar a las algas eucariotas y a las plantas, pues presentan unos sistemas fotosintéticos y unos pigmentos muy similares. Respiran y realizan la fotosíntesis pero, a diferencia de los autótrofos eucariotas, no pueden llevar a cabo estas dos funciones a la vez. Otra característica a destacar de las cianobacterias es su gran resistencia a cambios de temperatura, salinidad y pH, lo que les ha permitido vivir en una gran variedad de ambientes (aguas dulces y saladas, suelos, cortezas de árboles, géiseres...).

3.1. Estructura

Como el resto de bacterias, presentan una gruesa pared de mureína y sin orgánulos, además del resto de características bacterianas, aunque nunca presentan flagelos. Son gram negativas y muchas presentan una vaina externa de consistencia viscosa que contiene pigmentos y sustancias tóxicas.

A diferencia del resto de bacterias, tienen una especie de membranas internas, llamadas **laminillas fotosintéticas**, donde se alberga la clorofila y el resto de pigmentos fotosintéticos.

Las cianobacterias presentan células especializadas en determinadas funciones; estas son:

- **Acinetes**. Son células encargadas en acumular reservas. Poseen una pared muy engrosada y actúa a modo de células de resistencia (endóspora).

- **Heterocistes**. Son células de gran tamaño incoloras, por lo que no realizan la fotosíntesis. Se encargan de fijar nitrógeno, y lo hacen por medio de una enzima especial llamada *nitrogenasa*.

3.2. Reproducción

En cianobacterias unicelulares la reproducción se lleva a cabo por bipartición, generalmente. En las que son filamentosas, se lleva a cabo por bipartición seguida de una fragmentación del filamento.

3.3. Fotosíntesis

Poseen sistemas fotosintéticos poco desarrollados. Llevan a cabo una fotosíntesis oxigénica (*fotofosforilación no cíclica*); utilizan agua como fuente de electrones y desprenden oxígeno, produciendo en el proceso azúcares. La fotosíntesis se lleva a cabo en las *laminillas fotosintéticas*.

Poseen diferentes pigmentos:

- **Clorofila a**. Es idéntica a las eucariotas: un anillo tetrapirrólico con magnesio en el centro más fitol, un alcohol de cadena larga.

- **Ficobiliproteínas**. Son proteínas, exclusivas de las cianobacterias, que están asociadas a un cromatóforo. El cromatóforo, llamado **ficobilina**, puede ser de diferentes colores: azul, y se llama *ficocianica* o rojo, y se llama *ficoeritrina*. La interacción de la ficocianina con la clorofila de el color verde-azulado típico de este grupo.

- **Carotenoides**. Son moléculas de naturaleza lipídica, de color anaranjado. Su función, al igual que los carotenos en las plantas superiores, es de proteger la clorofila de la luz excesiva.

3.4. Ecología

Las cianobacterias son organismos presentes en todo el mundo, aunque abundan de manera especial en agua dulce. No obstante, también es frecuente encontrarlas en el suelo, cortezas de árboles y agua marina. Son las responsables también de la formación de la mayor parte de oxígeno de nuestra atmósfera y de la posterior creación de la ozonosfera.

Por su simplicidad, facilidad de adaptación y gran tasa de crecimiento, son organismos pioneros en la colonización de nuevos hábitats. Además, contribuyen a la fertilización de los suelos al fijar nitrógeno. Esta característica también les ha servido para crear relaciones de simbiosis con otros organismos como algunos líquenes y helechos. Por otro lado, también pueden crear problemas de eutrofización en aguas muy contaminadas.

También se ha descubierto en ellas un gran potencial biotecnológico, pues se pueden utilizar para producir gran cantidad de biomasa, fertilizantes e, incluso, para estudios genéticos y ensayos bioquímicos y fisiológicos.

Los géneros más comunes de cianobacterias son, por citar algunos: *Oscillatoria*, *Anabaena*, *Nostoc*, *Spirulina* y *Gloethece*.

4. LAS BACTERIAS Y SU IMPORTANCIA EN LA SANIDAD, LA INDUSTRIA Y LA INVESTIGACIÓN BÁSICA

Las bacterias son organismos que, pese a su simplicidad (o, quizás tal vez, gracias a ella) han sido muy útiles para el ser humano. Es cierto que hemos sabido sacar un buen provecho muchas de sus cualidades, pero también es cierto que otras de estas "cualidades" (muchas de ellas toxinas) han sido muy perjudiciales y han causado, y siguen causando, gran cantidad de enfermedades y muertes en las poblaciones humanas.

4.1. Bacterias y sanidad

En primer lugar, veamos algunas de las enfermedades más comunes que pueden estar causadas por las bacterias, así como de los factores y circunstancias que llevas a ellas.

Las cepas que pueden causar enfermedades se llaman **cepas virulentas**. Esta capacidad viene determinada por la presencia de una o más propiedades como la producción de toxinas, capacidad de prosperar en el tejido del hospedador o de colonizar ciertos sustratos.

A continuación, describimos algunas de las principales enfermedades causadas por bacterias:

-   **Difteria**. Es una enfermedad causada por la bacteria *Corynebacterium diphteriae*, también conocido como bacilo de Klebs-Löffler, que es un bacilo gram +, que se instala en las vías respiratorias superiores y produce la **toxina diftérica**. Produce inflamación y dolor en el cuello, garganta y ganglios linfáticos.

- **Tétanos**. Enfermedad causada por *Clostridium tetani*, bacilo G+, anaerobio estricto que vive en el suelo y el colon de muchos mamíferos. Cuando estas bacterias crecen en heridas mal curadas (con poco oxígeno) crecen y secretan la **toxina tetánica**, que altera las funciones neuronales y musculares.

- **Cólera**. Enfermedad producida por *Vibrio cholerae*, bacteria G-. La infección se produce por beber agua o tomar alimentos contaminados con aguas fecales. Coloniza el intestino y produce la **toxina colérica**, que daña la mucosa intestinal y genera fuertes diarreas, con grandes pérdidas de sales.

- **Botulismo**. Producida por *Clostridium botulinum*. Es una bateria G+, anaerobio estricto y capaz de producir esporas. Crece en el suelo y en aguas anóxicas. Las esporas se desarrollan en alimentos mal conservados y sin oxígeno. Es una enfermedad rara pero muy violenta, que produce náuseas, vómitos, fiebre, dolor abdominal, estreñimiento...

- **Gangrena gaseosa**. Enfermedad producida por Clostridium perfringens, que es una bacteria anaerobia. Cuando penetra en heridas profundas, rompe el tejido y fermenta proteínas y produce hidrógeno, quedando el tejido con un aspecto esponjoso. Esta enfermedad ha acabado, en muchas ocasiones, con la extirpación de miembros del cuerpo.

- **Salmonelosis**. Producida por *Salmonella typhimurium*. Se trata de una gastroenteritis muy aguda, con fuertes diarreas y dolores abdominales. Se contagia por alimentos contaminados o mal conservados. Existen otras intoxicaciones con síntomas parecidos como es la **intoxicación alimentaria estafilocócica**, producida por *Staphylococcus aureus*, o la **intoxicación alimentaria por clostridios**, producida por *Clostridium perfringens*.

- **Pulmonía**. También se llama, en ocasiones, neumonía, y es una enfermedad respiratoria que puede estar causada por tres bacterias distintas: *Klebsiella pneumoniae*, *Streptococcus pneumoniae* y *Legionella pneumofila*.

- **Tuberculosis**. Enfermedad causada por una micobacteria llamada *Mycobacterium tuberculosis*. Es una bacteria presente en las partículas de polvo y se transmite por el aire. Ataca a los pulmones, destruyéndolos, así como a otros tejidos.

- **Lepra**. Producida por *Mycobacterium leprae*. Se transmite por contacto directo y afecta a la piel (produce su deformación y caída) y a los nervios periféricos, lo que conlleva a una pérdida de sensibilidad en estados avanzados. Tiene un periodo de incubación largo (de hasta 30 años) y es capaz de resistir a muchas drogas antibacterianas.

- **Sífilis**. Enfermedad venérea producida por *Treponema pallidum*, que es un espirilo anaerobio. Esta enfermedad tiene tres estadios: una primera infección a nivel genital, otra a nivel cutáneo, donde produce erupciones, y una tercera a nivel de órganos internos donde éstos se ven alterados y lesionados.

- **Meningitis**. Enfermedad causada por *Neisseria meningitidis* (meningococo). Esta bacteria crece en las meninges. Afecta, sobre todo, a niños, produciendo un intenso dolor de cabeza. Si no se detecta a tiempo, puede causar la muerte. Muchas personas llevan la bacteria en la mucosa faríngea pero no les afecta, y actúan como reservorio o vectores.

- **Brucelosis**. Producida por Brucella melitensis. Afecta sobre todo al ganado ovino. Se puede transmitir a las personas por medio de la leche o quesos sin pasteurizar.

- **Peste**. También conocida como peste negra o peste bubónica. Está producida por *Yersinia pestis*. Las pulgas actúan como vectores y las ratas como reservorio. Produce una especie de bultos en la piel (llamados bubos) antes de la muerte. Esta enfermedad ha causado una gran cantidad de muertes a lo largo de la historia humana.

- **Ántrax o forunculosis**. Enfermedad producida por *Staphyloccocus aureus*. Produce lesiones en la piel, como inflamaciones, pero también fatiga y fiebre.

- **Carbunco.** Es una enfermedad diferente a la anterior, pero que en inglés se llama precisamente *anthrax* y ha sido mal traducida al español. Esta está causada por *Bacillus anthracis*. Afecta tanto a animales como al hombre. Produce fiebre, hemorragias, lesiones en la piel... Se ha utilizado, en ocasiones, como arma biológica.

4.2. Bacterias e industria

También a las bacterias se les pueden sacar muchas utilidades. Desde la antigüedad, el hombre ha aprovechado muchas sustancias producidas por bacterias que han sido usadas en la industria alimentaria. Destaquemos algunos:

- **Productos lácteos.** Son elaborados por un grupo de bacterias, llamadas bacterias del ácido láctico. Muchas de ellas se encuentran de forma natural en la leche y producen su agriamiento, que es un medio de conservarla. Podemos encontrar muchos productos producidos por estas bacterias. El **queso** es uno de ellos, que se produce por precipitación de las proteínas y formación del cuajo; posteriormente, se lleva a cabo un proceso de maduración, en el que intervienen otras bacterias como *Streptococcus lactis* y *Propionibacterium sp.*, e incluso algunos hongos como el *Penicillium roqueforii*. El **yogur**, en cambio, se produce por fermentación de la leche llevada a cabo por bacterias como *Streptococcus lactis*, *S. thermophilus* o *Lactobacillus bulgaricus*.

- **Producción de dextrano.** El dextrano es un producto que se utiliza para producir filtros moleculares, utilizados en investigación y medicina. Para ello se utiliza *Leuconostoc sp.* Otros productos especiales se extraen a partir de la bacteria *Xanthomonas sp.*, como geles resistentes a altas temperaturas.

- **Producción de ácido butírico y ácido acético.** El ácido butírico se utiliza para extraer ciertos productos vegetales, y como base de la producción de acetona y butanol. Se utiliza para ello el *Clostridium acetobutylicum*. El ácido acético también se utiliza en industria y se extrae a partir de bacterias del género *Acetobacter sp.*.

No son estos los únicos usos que se les dan a las bacterias. También se han utilizado para la fabricación de antibióticos, como el *Streptomyces sp.*, y hormonas. En la industria química se utilizan para la producción de disolventes o la extracción de metales pesados, como es el caso del *Thiobacillus ferroxidans*, que solubiliza ciertos metales.

También son útiles desde un punto de vista medioambiental para la fijación de nitrógeno, reciclaje de nutrientes, biodegradación de petróleo, depuración de aguas residuales, etc.

4.3. Bacterias e investigación básica

Las bacterias son organismos que, por su simplicidad y facilidad de cultivo, han facilitado una gran cantidad de estudios genéticos, bioquímicos, ultraestructurales..., que han servido como modelo y base de conocimiento y estudios en organismo superiores. Son, por así decirlo, sistemas de trabajo sencillos en los que se han puesto de manifiesto reacciones y procesos presentes en organismos más complejos.

Han permitido, por poner algún ejemplo, el conocimiento y función de los ácidos nucleicos y las proteínas, el estudio de la estructura de la membrana celular, la composición citoplasmática, los mecanismos de duplicación y transcripción del ADN, el estudio de transgénicos, y un largo etcétera.

El estudio de las propiedades de muchas cepas bacterianas, las condiciones de crecimiento idóneas que necesitan, la resistencia a determinados antibióticos, la velocidad de crecimiento, etc., ha permitido también su diagnóstico clínico para la detección de las enfermedades que producen. Posteriormente, y conociendo bien su metabolismo y detectando sus "debilidades", se han elaborado antibióticos sensibles a cada especie, lo que ha permitido paliar y eliminar muchas enfermedades.

También se estudian especies y cepas bacterianas que puedan ser utilizadas en la degradación del crudo (biorremediación), mejora de suelos, descomposición de materia orgánica, descomposición de plásticos, eliminación de metales pesados, depuración de aguas, etc.

En los años 70s comenzó a tener importancia la tecnología relacionada con el ADN recombinante, que se basó en estudios de bacterias, en es especial de *Escherichia coli*. Esta bacteria ha sido y sigue siendo el medio de trabajo inicial de muchas investigaciones. Otras bacterias que también se utilizan con frecuencia son *Acidithiobacillus, Enterococcus, Lactobacillus, Bifidobacterium, Thiobacillus*, por nombrar algunas de ellas.

5. CONCLUSIÓN

Como conclusión podemos decir que este reino que hemos estudiado, el reino de las moneras, tiene una gran variedad de organismos, que son importantes tanto por su importancia sanitaria, la utilidad en la industria y en la investigación, como por la función que realizan en los ecosistemas terrestres y marinos.

En especial destacamos a las cianofíceas, que son bacterias fotosintéticas, que tienen un importante papel como productores primarios en los ecosistemas acuáticos, especialmente, en los de agua dulce.

Su omnipresencia no es de obviar, a pesar de que por su pequeño tamaño pasen en muchas ocasiones desapercibidas. Hemos de valorar los beneficios que nos aportan, así como tener presente los posibles conflictos que pueda generar la presencia de algunas de ellas.

Bibliografía útil:

BARNES, S. y CURTIS, E. (2006) "Biología", 6ª edición. Ed. Panamericana.

INGRAHAM, J.L. y INGRAHAM, C.A. (1998) "Introducción a la microbiología", Ed. Reverté.

MARGYLIS, L. y SCHWARTZ, K. V. (1985) "Cinco reinos: guía ilustrada de los phyla de la vida en la tierra", Ed. Labor.

PRESCOTT, L. y otros (2004) "Microbiología", Ed. McGraw-Hill.

STRASBURGER, E. y otros (2004) "Tratado de botánica", 9ª edición. Ed. Omega.

STRICKBERGER, M. (1988) "Genética", 3ª edición. Ed. Omega.

TEMA 34

REINO PROTOCTISTAS. GÉNEROS MÁS COMUNES EN CHARCAS, RÍOS Y MARES. EL PAPEL ECOLÓGICO Y SU IMPORTANCIA ECONÓMICA Y SANITARIA.

0. INTRODUCCIÓN

En el presente tema vamos a estudiar el reino de los protoctistas. Este grupo incluye a una gran cantidad de organismos, con características y modos de vida muy dispares. Por esta razón, en muchas ocasiones se le ha considerado como una especie de cajón de sastre donde se incluían a aquéllos organismos que no encajaban en otros grupos. Intentaremos hacer un resumen de las principales características, no siendo posible resumirlas todas con exactitud y rigurosidad.

A pesar de ello, de ellos obtenemos gran cantidad y variedad de productos muy útiles y necesarios para el hombre. Debido a ello, hemos de profundizar en su estudio y obtener un mejor conocimiento. Y esto no solamente para el provecho antrópico, sino también para el de todos los ecosistemas, pues en este grupo se encuentran especies clave, como productores y descomponedores, para el correcto funcionamientos de los sistemas ecológicos.

Para la exposición de este tema seguiré el siguiente orden...

(es muy conveniente exponer con claridad, aquí al principio, el orden que se va a seguir, leer el índice de una forma ágil)

1

1. EL REINO PROTOCTISTAS

En este tema vamos a centrarnos en el reino de los protoctistas. Se trata de los organismos eucariotas más simples, pero no por ello peor adaptados a los ambientes donde habitan. En los apartados que siguen veremos algunos de los rasgos más importantes que los caracterizan.

1.1. Características generales

Los protoctistas se pueden definir como *organismos eucariotas unicelulares o pluricelulares que no nunca llegan a formar verdaderos tejidos*.

En este grupo se han incluido organismos que no encajaban en los otros reinos de eucariotas, como una especie de cajón de sastre. Por esta razón, muchas veces se han definido por exclusión, es decir, como organismos que no son animales (pues no tienen blástula), no son plantas (no forman un embrión), ni hongos (no tienen quitina), ni procariotas (pues presentan núcleo). Incluye, pues, a todas las algas nucleadas, hongos acuáticos flagelados, mixomicetes, laberintulomicetes y a los protozoos, como veremos más adelante.

Las características más importantes que poseen los protoctistas son:

- Son eucariotas, aeróbicos, con respiración mitocondrial, flagelos con estructura 9+2 (diferente a las bacterias), mitosis y meiosis... y todo el resto de características propias de los eucariotas.

- La mayoría de ellos son móviles, desplazándose por pseudópodos, flagelos o cilios.

- Presentan una nutrición variada, autótrofa y heterótrofa.

- Tiene ciclos de vida muy variados, a veces son polimórficos y muy complejos. Es frecuente la formación de quistes y esporas.

- Algunos producen metabolitos secundarios muy complejos.

- Las crestas mitocondriales pueden ser tubulares, vesiculares o laminares.

- Tienen núcleos haploides, diploides, poliploides o, incluso, pueden ser *heterocarióticos*, presentando dos tipos de núcleos, como pasa en el grupo de los ciliados.
- La meiosis puede ser gamética, cigótica o esporogénica; la mitosis también es variada.

- Son organismos muy complejos, con gran variedad de formas y tamaños.

Es un grupo que tiene una gran importancia en los sistemas naturales, como puede ser en el cierre de los ciclos ecológicos. Así mismo, también son importantes en investigación, ya sea para incrementar el conocimiento que se tiene sobre el grupo, como para realizar estudios de investigación a nivel celular (ciclo celular, estudios bioquímicos, organización celular...), que tienen una aplicación más directa sobre los organismos superiores que los estudios con procariotas.

Desde un punto de vista taxonómico, este grupo fue nombrado, en un principio, como *Protistas*; pero más tarde, Margulis añadió a este grupo a las algas y los llamó *Protoctistas*. Este grupo incluye, no obstante, varias ramas evolutivas, lo que le hace ser un grupo parafilético que, a la vez, le da una gran diversidad (en tamaños, formas, reproducción...).

1.2. Origen y evolución de los protoctistas

Su origen representa el origen de los eucariotas en la historia de la vida, esto hace entre 1.500 y 2.000 millones de años, a partir de una rama de procariotas.

Evolutivamente, parten de un organismo fagotrofo anaerobio que se alimentaría de procariotas. En primer lugar apareció una envoltura que rodeaba el material genético, que dio lugar al núcleo. Con el tiempo, algunos de los procariotas aerobios que ingería no se digirieron, sino que pasaron a formar parte de un proceso de simbiosis, dando lugar a las mitocondrias. Más tarde, en algunos de ellos tuvo lugar otro proceso de simbiosis, ahora con un procariota autótrofo fotosintético, que dio lugar a los futuros cloroplastos.

Con el tiempo, los eucariotas primitivos dieron lugar a cuatro reinos diferentes: protoctistas, hongos, animales y plantas.

1.3. Fisiología y morfología

Los protoctistas, al ser eucariotas, muchos aspectos de su fisiología y estructura son similares a la de los organismos pluricelulares. No obstante, al ser muchos organismos independientes unicelulares, deben de llevar a cabo todas las funciones vitales propias de un ser vivo, lo que les da una serie de características exclusivas. Veamos las más relevantes:

- **Núcleo**. El núcleo es típico de eucariotas, rodeado de membrana y con poros. Tienen cromosomas, que se condensan durante la mitosis y meiosis, y nucléolos (uno o dos). Algunos grupos presentan **endosomas** en el núcleo, que son una especie de nucléolos que permanecen condensados como orgánulos definitivos durante la mitosis. Otros, como el grupo de los ciliados, presentan dos núcleos: un **macronúcleo**, que se encarga de las funcionen metabólicas, y un **micronúcleo**, que participa en la reproducción sexual.

- **Citoplasma**. Es típico de eucariotas, con mitocondrias, retículo endoplasmático, aparato de Golgi, vesículas, cloroplastos (en los autótrofos)... En ocasiones se puede distinguir un **ectoplasma**, una parte más externa e hialina, y un **endoplasma**, que ocupa la región central, de aspecto granular y que contiene el núcleo y el resto de orgánulos.

- **Sistemas de locomoción**. Pueden ser de tres tipos: cilios, flagelos y pseudópodos.

  • Cilios y flagelos: se encargan de la locomoción, pero también de la respiración y nutrición, generando corrientes de agua. En conjunto se les llama **undulipodios**. Los cilios crean corrientes paralelas a la superficie donde están anclados, mientras que los flagelos las generan paralelas al propio eje. Tanto unos como otros poseen una estructura común: 9 pares de microtúbulos formando un círculo y un par central; esta estructura, del tipo 9+2, se llama **axonema**.

  • Pseudópodos: son expansiones de la membrana plasmática. Existen diversos tipos según la forma: **lobopodios**, si son gruesas e interviene tanto el ecto como en endoplasma; **filipodios**, si son finas y sólo interviene el endoplasma; reticulopodios, son como los **filipodios** pero que se unen formando una red; **axopodios**, largos y rígidos, con varillas de microtúbulos en su interior.

- **Nutrición**. La mayoría son aerobios. Pueden ser autótrofos o heterótrofos, y estos últimos pueden ser *fagótrofos* (si se alimentan por fagocitosis) u *osmótrofos* (si se alimentan de partículas disueltas). La digestión en los fagotrofos, la digestión se realiza mediante vacuolas alimentarias, también llamadas **fagosomas**. En el grupo de los ciliados, flagelados y apicomplejos existen especies con **citostoma**, que es una especie de embudo por donde se produce la fagocitosis. Algunos ciliados tienen también un **citopigio**, que es una estructura por donde se expulsan los productos de desecho.

- **Excreción y osmorregulación**. A parte de los mecanismos tradicionales de homeostasis, en especies de protozoos es frecuente la presencia de **vacuolas contráctiles**, que se van llenando de sustancias de desecho y

4

agua y que posteriormente se expulsan fuera. Su función es la de osmorregulación y es común sobre todo en especies dulceacuícolas. Otros desechos metabólicos se excretan por difusión.

- **Reproducción**. Las formas de reproducción son muy variadas, pero nunca tienen embrión ni desarrollo embrionario. Es frecuente la reproducción asexual por *bipartición, gemación* o *fisión múltiple*. También existe meiosis y se forman células reproductoras (gametos), que pueden ser isogametos o anisogametos. Por otra parte, pueden darse procesos parasexuales como la **conjugación** de los ciliados, que consiste en el intercambio de micronúcleos. Las algas, al ser organismos pluricelulares, poseen sistemas reproductores que llegan a ser muy complejos.

- **Formas de resistencia**. Ante los cambios del medio, muchos protoctistas presentan forman de resistencia, llamadas **quistes** en general, que tienen fuertes cubiertas externas y un metabolismo muy bajo. Éstos aíslan al organismo del exterior mientras las condiciones son desfavorables. En cuanto las condiciones mejoran, se produce la exquistación, donde el organismo se libera de las capas protectoras y activa su metabolismo. Este mecanismo es especialmente importante en las especies parásitas y, en ocasiones, la formación de quistes viene asociada con algunas fases reproductoras. Por otra parte, las formas de resistencia son poco frecuentes en medios marinos, donde las condiciones son más constantes.

2. PRINCIPALES GRUPOS DE PROTOCTISTAS

A continuación, vamos a ver rápidamente los principales grupos de protoctistas que se consideran hoy día. Los vamos a clasificar en tres grupos según tengan rasgos animales, vegetales o fúngicos. Cabe decir, no obstante, que tradicionalmente sólo se incluían en este reino a los protoctistas con rasgos animales, los protozoos.

2.1. Protoctistas con rasgos animales

Incluye a los protozoos. Son organismos autótrofos o heterótrofos, de vida libre o parásitos. Unicelulares, aunque algunos pueden formar colonias. Se pueden distinguir varios filos con características peculiares, entre los que destacamos los siguientes.

2.1.1. Filo Sarcomastigóforos

Son organismos unicelulares y, raramente, pueden formar colonias; autótrofos o heterótrofos, de vida libre o parásitos. Algunos grupos pueden presentar una pared de celulosa, completa o parcial. Muchos presentan citostoma, vacuolas contráctiles y un par de flagelos. Hay diversos grupos dentro de este filo, entre los que destacamos:

- **Subfilo Sarcodinos**. Presentan pseudópodos, sin flagelos; autótrofos o heterótrofos. Incluye varias clases con organismos conocidos:

    • Clase Lobosea y clase Filosea: son las amebas, como las de los géneros *Amoeba* y *Entamoeba*.

    • Clase Granoreticulosea: incluye a los foraminíferos.

    • Clase Heliozoa: los heliozoos, que son organismos marinos con largas espinas en su superficie.

- **Subfilo Mastigóforos**. Son protozoos con *flagelos*, que se reproducen por fisión binaria longitudinal. En este grupo se distinguen dos clases, una que incluye organismos heterótrofos y otros autótrofos. Ésta última se incluyó en algún momento también dentro de las algas.

    • Clase Zoomastigóforos: heterótrofos; incluye géneros como *Giardia*, *Trichomonas*, *Leishmania* y *Trichomonas* (produce la enfermedad del sueño).

- Clase Fitomastigóforos: Cryptomonas y Euglena; *Chlamydomonas* y *Volvox* son dos géneros que se incluyen tanto en este grupo como en el de los clorófitos, dependiendo de los autores.

- **Subfilo Opalínidos**. Son protozoos parásitos internos de animales; se caracterizan por presentar varios núcleos en su citoplasma. Como ejemplo más característico tenemos a *Opalina*.

2.1.2. Filo Ciliados

Los organismos que se incluyen en este filo se caracterizan por tener la superficie externa cubierta de cilios, que pueden adoptar disposiciones especiales. Éstos se disponen en filas llamadas **cinetias**; por debajo de ellas se encuentra una red de corpúsculos basales unidos por fibrillas llamada **infraciliatura**, que coordina el movimiento de los cilios.

Son organismos heterocarióticos, con un macro y un micronúcleo, el primero se encarga de las funciones vegetativas, mientras que el segundo controla la reproducción del organismo. Son heterótrofos, con vacuolas pulsátiles y citostoma, reproducción sexual y asexual.

Ejemplos comunes son *Vorticella*, *Eupolotes*, *Paramecium*, *Tetrahymena* y *Stentor*.

2.1.3. Filo Apicomplejos

Los apicomplejos son protistas que se reproducen por esporas, son heterótrofos parásitos, presentan alternancia de reproducción sexual y asexual y de una fase haploide y otra diploide. Reciben este nombre por presentar en un polo de la célula un **complejo apical** compuesto por orgánulos especializados, que se encarga de penetrar en la célula hospedadora.

En este grupo se encuentran importantes parásitos de hombre como *Toxoplasma*, que produce la coccidiosis y *Plasmodium*, que produce la malaria.

2.1.4. Filo Laberintomorfos

Este grupo tiene muchas semejanzas con los hongos. Por eso, en muchas ocasiones se estudian junto a ellos, pero si queremos ser estrictos hemos de colocarlos junto con los protozoos. Presentan dos flagelos, son saprofitos y algunos parásitos y forman una especie de túneles mucilaginosos por donde se mueven. Como género más común está *Labyrinthula*.

2.1.5. Filo Microsporidios

Son todos parásitos internos de animales. Aunque abundan poco, pueden aparecer en forma de plaga y generar importantes pérdidas económicas. Una especie importante es *Nosema apis*, que afecta a las abejas.

2.2. Protoctistas con rasgos vegetales

Incluye a todas las algas que, hasta hace poco, estaban incluidas en el reino de las plantas. Estos protoctistas son todos autótrofos, unicelulares o pluricelulares que nunca llegan a formar tejidos. Algunos presentan complicados ciclos vitales. Veamos los grupos más representativos.

2.2.1. División[1] Dinófitos

También se les llama **dinoflagelados**. Son unicelulares, con dos flagelos desiguales. Tiene clorofila a y c, carotenos... Pared de celulosa, llamada **teca**. Reproducción sexual y asexual por bipartición. Viven en el plancton marino. Géneros frecuentes son *Ceratium*, *Peridinium* y *Noctiluca*.

2.2.2. División Crisófitos

También llamados *algas doradas*, *algas amarillas* o **diatomeas**. Presentan clorofila a y c, son unicelulares, de agua dulce o marina. Están cubiertos por una cápsula de sílice llamada **frústulo**, que presentan una gran diversidad de formas; en general, las especies de agua dulce presentan un frústulo alargado, mientras que las de agua marina lo tienen redondo. Reproducción asexual por bipartición y sexual por meiosis gametogénica. Presentan como sustancia de reserva *crsisolaminarina*, que es un importante carácter taxonómico. La acumulación de sus caparazones forma una roca silícea llamada **diatomita**. Géneros comunes son Cyclotella, Achnanthes y Navicula.

2.2.3. División Feófitos

Son las **algas pardas**. Tienen clorofila a y c y *xantofilas*. Principalmente son de aguas marina. Son pluricelulares, macrospóricas, y viven ancladas al fondo;

---

[1] División y filo son la misma categoría taxonómica; pero mientras en los grupos animales se utiliza más el término *filo*, en las plantas y hongos se utiliza el de *división*. Así, estos grupos de protoctistas se han colocado aquí según el nombre de la categoría que se les dio en un principio.

presentan células especializas. Como sustancia de reserva tiene *laminarina*. En la reproducción aparecen células flageladas. En su ciclo vital tienen alternancia de generaciones (haploide/diploide), que pude ser isomorfa (las dos con la misma forma) o heteromorfa (diferentes). Ejemplos comunes son *Sargassum*, que es flotante, *Laminaria*, que forma láminas de varios metros, y *Polysiphonia*.

2.2.4. División Rodófitos

Son las **algas rojas**. Pueden ser uni o pluricelulares, generalmente marinas. Presentan clorofila a y d. No existen formas flageladas. Ciclo biológico complejo, con alternancia de dos o tres generaciones. Algunas acumulan carbonato cálcico en sus tejidos, adquiriendo una consistencia dura. De ellas se extraen sustancias de utilidad como el *agar* o la *carragenina*. Géneros comunes son *Porphyra*, *Ceramium*, *Corallina*, *Chondrus* y *Gelidium*, del cual se extrae el agar.

2.2.5. División Clorófitos

Son las **algas verdes**. Tienen clorofila a y b, carotenos y xantofilas. Existe gran variedad de formas, pudiendo ser de unicelulares a pluricelulares. Almidón como sustancia de reserva. La meiosis es cigótica. Viven en aguas dulces, marinas, en medios aéreos y como simbiontes de líquenes. Presentan mucha variedad en cuanto a ciclos reproductivos. Algunos géneros conocidos son *Ulva*, *Codium*, *Chara*, *Cosmarium*, *Chorella*, *Chlamydomonas* y *Enteromorpha*.

2.3. Protoctistas con rasgos fúngicos

Son heterótrofos, forman esporas y no presentan pared, o bien ésta es de composición diferente a la de los hongos, y tienen células con flagelos. Por otra parte, también comparten algunas características con los hongos, como la formación de micolios, hecho por el cual antes estaban incluidos en este reino.

2.3.1. División Mixomicotes

Los organismos de este grupo forman esporas y carecen de pared celular. Forman **plasmodios**, que son estadios vegetativos multinucleados y dotados de movimiento propio, y que suelen presentar colores vivos. Viven en ambientes húmedos y se alimentan de materia orgánica en descomposición. Forman **esclerocios**, que son formas de resistencia que se generan ante condiciones ambientales desfavorables. Los plasmodios forman en algún momento **esporangios**, con formas características en cada especie. De éstos surgen esporas que darán lugar a **mixamebas** o **mixoflagelados**, ambos haploides. Dos de ellos se unirán y darán lugar a una forma diploide que generará de nuevo un plasmodio. Géneros frecuentes son *Lycogala*, *Fulico* y *Stemonitis*.

2.3.2. División Oomicotes

Son organismos filamentosos, con micelio ramificado. Es un grupo primitivo con paredes de celulosa. Muchos acuáticos. Son heterótrofos, saprófitos o parásitos; estos últimos presentan **haustorios**. La reproducción sexual se produce por **gametangiogamia**, en la cual se forma un embrión llamado **oóspora**, que genera un nuevo micelio. También es frecuente la formación de zoósporas haploides, que se unen y regeneran el micelio.

Entre las especies más comunes de oomicotes encontramos *Plasmopara viticola*, que produce el mildiu de la viña y *Phytophthora infestans*.

2.3.3. División Acrasiomicotes

Este grupo no forma plasmodios; la forma más común son las **mixamebas**, que se alimentan de bacterias, pero que pueden formar algo parecido a un plasmodio en algún momento. Las mixamebas se unen para reproducirse y forman una estructura especial llamada **sorocarpo**. Un género común es *Dictyostelium*.

2.3.4. División Plasmodioforomicotes

Son unos protoctistas que presentan células ameboides, endoparásitos, que forman un plasmodio dentro de los tejidos, generalmente de vegetales. Presentan un ciclo reproductivo complejo. Un género común es *Plasmodiophora*.

3. GÉNEROS MÁS COMUNES

Como hemos visto, el reino protoctistas está compuesto por organismos muy diversos tanto en formas como en funciones metabólicas. Esto les ha permitido colonizar ambientes muy diversos. De hecho, podemos encontrar protoctistas prácticamente en cualquier tipo de medio.

Vamos a distinguir cuatro grandes ambientes entre los cuales se podrían distribuir los protoctistas. Estos son los ambientes aéreos, ambientes acuáticos de agua dulce (ríos y charcas), acuáticos de agua salada y el interior de otros organismos (la mayoría parásitos).

3.1. Géneros comunes en agua dulce

En este tipo de ambientes es donde más abundan los protozoos y donde más diversos son. Los que encontramos en ríos y charcas son muy similares, y pueden ser de casi cualquier tipo de los que hemos visto hasta ahora.

Los más representativos de estos ambientes son: *Navicula* (diatomeas), *Achnanthes* (diat.), *Cyclotella* (diat.), *Vorticella* (ciliados), *Euplotes* (cil.), *Paramecium* (cil.), *Stentor* (cil.), *Actinosphaera* (heliozoos), *Amoeba* (sarcomastigóforos), *Volvox* (clorófitos), *Chara* (clor.), *Euglena* (fitomastigóforos), *Karlingia* (oomicotes)...

3.2. Géneros comunes en agua salada

En ambientes salados puede que no estén representado todos los grupos de protoctistas por igual, pero sí que es el ambiente rey de las algas, siendo los protozoos poco abundantes y los protoctistas con rasgos fúngicos prácticamente inexistentes. En estos ambientes también podemos ver las especies de mayor tamaño de protoctistas.

Entre ellas destacamos: *Ulva* (clorófitos), *Codium* (clor.), *Chorella* (clor.), *Enteromorpha* (clor.), *Ceramium* (rodófitos), *Corallina* (rod.), *Chondrus* (rod.), *Sargassum* (feófitos), *Laminaria* (feo.), *Noctiluca* (dinoflagelados), *Ceratium* (dinoflagelados), *Peridinium* (din.) y también diversos géneros de radiolarios y ciliados.

3.3. Géneros comunes en ambientes aéreos

En este tipo de ambientes existen poco grupos. Los encontraremos en ambientes con gran humedad, como las primeras capas del suelo, hojas y troncos de árboles. Aquí se encuentran los grupos asociados a los hongos, como pueden ser *Dictyostelium* (acrasiomicotes), *Lycogala* (mixomicotes) o *Amoeba* (sarcomastigóforos). Cuando el agua abunda, por ejemplo tras la lluvia, aparecen grupos semejantes a los de agua dulce, principalmente ciliados.

No obstante, muy frecuentemente encontramos sus formas de resistencia, que esperan pacientemente la llegada del agua de lluvia que los hará resurgir. Por esta razón, en los charcos que se forman tras la lluvia, es fácil encontrar gran cantidad y variedad de protozoos.

3.4. Protoctistas de ambientes internos de organismos

Entre los protoctistas también existen importantes patógenos, que viven dentro de los organismos, pero también existen importantes relaciones de simbiosis.

Entre los parásitos destacamos: *Plasmopara* (oomicotes), *Phytophthora* (oom.), *Plasmodium* (apicomplejos), *Toxoplasma* (api.), *Nosema* (microsporidios), *Opalina* (opalínidos), *Giardia* (zoomastigóforos), *Leishmania* (zoom.) y *Trypanosoma* (zoom.)

Los simbiontes han buscado cooperación a lo largo de la historia evolutiva, en grupos de organismo superiores. Destacamos algunos grupos de algas que se han asociado con determinados hongos para dar lugar a los *líquenes*. Algunos géneros importantes en este tipo de simbiosis son *Trebouxia*, *Chlorella* y *Trentepohlia*. Otros viven a expensas de ciertos animales, pudiéndoles proporcionar algún beneficio o no. Este es el caso de *Balantidium* un ciliado que vive como comensal en el hombre.

4. EL PAPEL ECOLÓGICO Y SU IMPORTANCIA ECONÓMICA Y SANITARIA

Como hemos visto los protoctistas son organismo con una gran variedad de formas y metabolismos, que da pie a una gran cantidad de especializaciones y adaptaciones que les permite vivir casi en cualquier ambiente. Algunas de estas propiedades hacen que este grupo tenga una gran importancia no sólo en los ecosistemas acuáticos y terrestres, sino también para el ser humana, pues de ellos se pueden extraer productos de utilidad. También cabe decir, que de este grupo proceden importantes enfermedad que han asolado a la humanidad a lo largo de la historia y también hoy día. Vamos a ver algunas de estos aspectos con más detalle.

4.1. El papel ecológico de los protoctistas

Muchos de los protoctistas autótrofos son los principales **productores** primarios tanto en medios de agua dulce como en los de agua salada. De hecho, sobre ellos se basan la, prácticamente total, subsistencia de las cadenas tróficas acuáticas. Entre estos productores cabe destacar al grupo de las algas (verdes, amarillas, pardas, rojas y dinoflagelados).

Otros son importantes **consumidores** primarios, como los ciliados del género *Paramecium*, muchos flagelados y algunas amebas; y también hay consumidores secundarios, como algunas especies de ciliados y amebas. Por otra parte, los protoctistas con rasgos fúngicos tienen tendencia a ser saprófitos.

También hay importantes **comensales**, como *Balantidium coli* y *Trichomonas vaginalis*, ambos en el hombre, y parásitos como *Trypanosomas* y *Plasmodium*, que ya hemos mencionudo y que causan importantes enfermedades.

Cabe destacar el papel que ejercen los organismos **simbiontes**, como por ejemplo las *zooxantelas* (un tipo de dinoflagelados) que establecen relaciones de simbiosis con diferentes grupos de invertebrados como protozoos, anémonas, bivalvos o corales. Junto a éstos últimos hacen posible la creación de los inmensos arrecifes coralinos que pueblan nuestros mares. Los líquenes, como ya hemos comentado, son otro ejemplo muy importante de simbiosis.

En ocasiones, ciertos dinoflagelados pueden causar las llamadas **mareas rojas** o *blooms*. Se trata de proliferaciones masivas de algunas especies de dinoflagelados que producen una toxina que puede causar daños, e incluso la muerte, en organismos marinos y en el hombre, si éste los consume. Se originan por factores como la alta temperatura de las aguas o el exceso de nutrientes. Dependiendo de la frecuencia y la magnitud con que se produzcan, podrán repercutir también en la economía de la zona donde se produzcan.

Por otra parte, muchos protozoos son utilizados en los procesos de **depuración de aguas** residuales, pues consumen la materia orgánica que éstas llevan en exceso y la sedimentan.

Desde un punto de vista geológico, ciertos grupos son considerados como importantes **formadores de rocas**, como los foraminíferos o las diatomeas. Otras rocas, por contener ciertas especies fosilizadas, pueden ser utilizadas como indicadoras de trampas petrolíferas o de determinados estratos de interés. Además, estor organismos son los que han formado las grandes acumulaciones de petróleo que utilizamos hoy día, en tiempos prehistóricos.

En Ecología aplicada, se utilizan ciertas especies de protoctistas (diatomeas, ciliados) como **indicadores** de la calidad de las aguas. Esto se debe a que cada especie necesita crecer en aguas con unas determinadas características, no pudiendo vivir cuando el agua tenga, por ejemplo, un cierto grado de eutrofización; en este momento, serán desplazadas por otras especies mejor adaptadas a las nuevas condiciones.

4.2. Importancia económica

También los protoctistas son fuente de riqueza económica. Así, por ejemplo muchas algas se utilizan para extraer determinados productos como el agar (*Gelidium sp.*) o la carragenina (algas rojas), así como otros muchos productos utilizados generalmente en dietética. Otras algas han sido importantes en estudios genéticos, como el clorófito *Chlamydomonas*, o de metabolismos fotosintético, como *Chlorella*. Ciertos grupos ha sido interesante estudiarlos para conocer los factores que les llevan a producir ciertos productos tóxicos, como la producción de toxinas en dinoflagelados.

Por otra parte, es frecuente utilizar protozoos en procesos de depuración de aguas residuales, mientras que otros pueden servir como indicadores de la calidad del agua.

Ciertos mohos han causado grandes hambrunas a lo largo de la historia; un ejemplo es el de *Phytophthora infestans*, que produce el tizón tardío de la patata y que causó grandes pérdidas económicas y hambre en Irlanda durante los siglos XVIII y XIX. *Plasmopara viticola*, por su parte, produce el mildiu de la uva que, aunque no suele aparecer en forma de plaga, en ocasiones puede hacerlo, como en Francia durante el siglo XIX.

Actualmente, también se están barajando nuevas utilidades en ciertos grupos de protoctistas, sobre todo en el de las algas, que se está mirando su gran capacidad de producción de biomasa para utilizarla bien como abono, bien para consumo de ganado e, incluso, del humano.

4.3. La importancia sanitaria de los protoctistas

En sanidad también es frecuente que salgan protozoos como protagonistas. Y esto es debido a que algunos grupos poseen importantes agentes infecciosos que producen enfermedades tanto en el hombre como en sus animales. Algunos de los más representativos son:

- *Giardia lamblia*: produce **giardiasis**, que se manifiesta como diarreas fuertes. Se contrate a través del agua.

- *Leishmania dorovani*: produce la **enfermedad del sueño** o *enfermedad de kula-azar*. Se transmite a través de la picadura de la mosca tse-tse, del género *Glosina*. Estos parásitos infestan la sangre y el líquido cefalorraquídeo, produciendo una depresión del sistema nervioso y, finalmente, la muerte.

- *Entamoeba histolytica*: produce una **úlcera sangrante** en el intestino grueso, que genera diarreas con sangre.

- *Toxoplasma gondii:* produce la **coccidiosis** en el hombre, que afecta, sobre todo, al hígado. Más frecuente es la coccidiosis de los conejos, que la produce el protozoo *Eimeria stiadae*.

- *Plasmodium vivax*: este parásito es el causante de la **malaria** o paludismo en el hombre. Vive en las células de la sangre y es transmitida por el mosquito *Anopheles maculatus*.

- *Nosema bombycis*: este parásito no afecta directamente al hombre, pero si a las colonias de gusanos de sedea que éste cultiva.

Finalmente, cabe destacar que, a efectos sanitarios, estos protozoos son importantes como indicadores de la calidad del agua. Así, a partir de la presencia de unos u otros, o de la cantidad que haya, se puede determina si un tipo de agua está contaminada y en qué grado.

5. CONCLUSIÓN

Para concluir, y a modo de resumen, hemos de resaltar la importancia que este grupo de organismos tiene en los sistemas naturales, pero también para el hombre, en la sanidad y la economía.

Hemos podido ver que, a pesar de ser un grupo que pasa en muchas ocasiones desapercibido y ser poco vistoso contiene, sin embargo, organismos muy bien adaptados a los ambientes donde viven. Poseen, además, especializaciones que en ocasiones llegan a ser muy complejas y dignas de admiración.

Por todos estos motivos, hemos de desarrollar actitudes positivas de cara a este grupo, valorando el papel ecológico y económico que ejerce, sin olvidar que, si no su presencia, los resultados de ésta se deja notar en toda la superficie terrestre.

Bibliografía útil:

BARNES, S. y CURTIS, E. (2006) "Biología", 6ª edición. Ed. Panamericana.

HICKMAN, C. y otros (2006) "Principios integrales de zoología", 13ª edición. Ed. McGraw-Hill.

IZCO SEVILLANO, J. (2004) "Botánica", Ed. McGraw-Hill.

MARGYLIS, L. y SCHWARTZ, K. V. (1985) "Cinco reinos: guía ilustrada de los phyla de la vida en la tierra", Ed. Labor.

STRASBURGER, E. y otros (1994) "Tratado de botánica", 8ª edición. Ed. Omega.

TEMA 35

0. INTRODUCCIÓN

Los hongos constituyen un grupo muy amplio y complejo, pero a la vez es interesante y necesaria su mejor comprensión y estudio pues de algunos de ellos obtenemos grandes beneficios y de otros padecemos sus efectos nocivos.

En este tema estudiaremos las características generales del reino hongos, así como su sistemática y algunos grupos que tradicionalmente se han estudiado en este reino. También veremos el papel que desempeñan en el medio natural y la importancia tanto ecológica como social y económica que tienen. Finalmente, veremos un caso de simbiosis muy interesante y a la vez importante, los líquenes, y cómo estos seres nos pueden ayudar a evaluar la contaminación de los ecosistemas.

Son los muchos los cocimientos que se tienen sobre este campo, que intentaremos resumir en el espacio y tiempo que disponemos.

Para la exposición de este tema seguiré el siguiente orden... (es muy conveniente exponer con claridad, aquí al principio, el orden que se va a seguir, leer el índice de una forma ágil)

1. CARACTERÍSTICAS GENERALES DE LOS HONGOS

1.1. Características generales

El reino hongos incluye una gran diversidad de organismos, la mayoría de los cuales son microscópicos, aunque también son visibles cuando se acumulan en gran cantidad sobre alimentos como el pan, la fruta, el queso, etc. o bien cuando forman sus aparatos reproductores, las setas. Son todos eucariotas y heterótrofos, unicelulares o pluricelulares pero que no llegan a formar verdaderos tejidos.

Durante mucho tiempo han estado incluidos en el reino plantas, ya que sus células presentan pared celular como las vegetales, pero más adelante se vio que ésta era de quitina (como la de muchos artrópodos) y no de celulosa como en las plantas. Además, todos ellos son heterótrofos, no presentan clorofila y nunca presentan verdaderos tejidos, dos características definitivas que supuso la separación en un nuevo reino.

Los hongos son estudiados actualmente por la Micología cuyo origen se data del siglo XIX. Se calcula que hoy día existen unas 100.000 especies de hongos y otras 20.000 de líquenes. Se reproducen mediante esporas, bien tras una reproducción sexual o asexual.

Algunos autores incluyen dentro de este reino a los Mixomicotes, Quitridiomicotes y Oomicotes. También consideran el origen de los hongos en un monera que daría lugar a un hongo no flagelado, que posteriormente adquiriría un flagelo y que sería la base de los animales, protozoos y algas unicelulares (Cavalier-Smith, 1987).

En sentido estricto, los hongos son organismos que carecen de plastidios y clorofila, nunca presentan células con flagelos, son heterótrofos, principalmente de tierra o de agua dulce (raros en el mar). También existen formas parásitas. Son eucariotas que forman talos (el micelio). No forman plasmodios. Presentan paredes de quitina. Cuerpo vegetativo filamentoso que forma hifas que constituyen el micelio. Éste puede formar cuerpos fructíferos de tipo plectenquimáticos. Su origen posiblemente está en los coanoflagelados (protozoos heterótrofos).

1.1.1. Aparato vegetativo

El aparato vegetativo de los hongos presenta forma de micelio, que es un conjunto de hifas cilíndricas, ramificadas, delimitadas por una pared tubular. Pueden existir hifas sifonadas cuando no existen septos entre las células, y esto se da en grupos más primitivos. Cuando existen septos, éstos presentan poros que permiten el transporte de sustancias rápido y eficaz. El micelio está falto de características y por ello es muy similar todos los hongos. Pueden existir diferentes niveles de organización: sifonal, levuriforme, septado... cada uno característico de los diferentes grupos.

Quitina = ∑ N-acetilglucosamina.

Glucanos = ∑ glucosa.

Las hifas sólo pueden crecer en longitud, penetrando en el sustrato. Por tanto, el crecimiento es solamente apical, y es producido por la presión que ejerce el citoplasma: la pared apical pierde la pared y se reblandece, luego se añade nuevo material y finalmente se vuelve a sintetizar la pared. En la parte subapical se producen ramificaciones de una manera parecida. Las hifas pueden llegar a anastomosarse entre ellas y formas redes.

Por debajo del ápice hifal, la pared se va engrosando por acumulación de quitina, proteínas y polisacáridos (glucanos) dispuestos en capas. En las membranas plasmáticas existe ergosterol (en lugar de colesterol).

Evolutivamente, la pared aparece de manera independiente que en las algas. Los pseudohongos, en cambio, poseen pared de celulosa, por lo que se piensa que provienen de algas que han perdido su carácter autótrofo. No existen vacuolas pulsátiles como en los protoctistas, pues no tienen necesidad de excretar agua. La pared, además, les confiere una resistencia mecánica en el medio terrestre.

Las hifas se unen para formar **fructificaciones** (plecténquimas) donde se producirán las células reproductoras. Aquí las hifas se pueden diferenciar en generativas, esqueléticas o conjuntivas.

Las crestas mitocondriales son aplanadas en hongos con pared de quitina, mientras que en los pseudohongos son tubulares. El aparato de Golgi es, en general, poco visible en hongos verdaderos. Determinadas especies pueden formar hifas o células levuriformes según las condiciones del medio.

Algunos hongos pueden presentar formas de resistencia llamadas **esclerocios** (figura 1). Otras especializaciones son los **cordones miceliales**, que son aglomeraciones de hifas que crecen juntas, que son visibles macroscópicamente y que carecen de un ápice definido. Cuando esta estructura es más

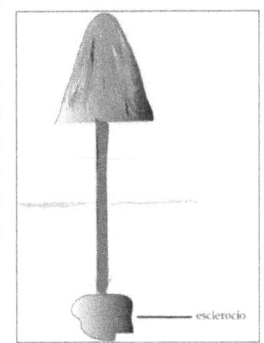

esclerocio

Figura 1. Esclerocio

compacta y presenta ápice, se le suele llamar **rizomorfo**, que tiene aspecto de pequeñas raicillas. También pueden formar **clamidósporas**, que son estructuras unicelulares de resistencia y que se forman directamente en las hifas.

En ocasiones, se pueden formar **corros de brujas**, que es la manifestación del crecimiento concéntrico de un micelio. Cuando se forman los cuerpos fructíferos, se ve que éstos se agrupan en forma de círculos.

1.1.2. Reproducción

La reproducción en los hongos puede ser *asexual* o *sexual*. La reproducción asexual se lleva a cabo mediante células sin flagelos llamadas **conidios**. Éstos se forman en estructuras especializadas llamadas conidióforos o bien directamente en determinadas zonas del micelio.

Por tal de que exista variabilidad en la nueva descendencia, también tiene lugar la reproducción sexual. Ésta puede llevarse a cabo mediante *isogamia, anisogamia, oogamia, gametangiogamia* o *somatogamia* a partir de unas hifas diferentes. Las hifas dicarióticas (hifas con dos núcleos) forman **cuerpos fructíferos** donde se ubican las células madre de los esporangios. Éstos pueden ser **ascas** o **basidios** y se forman cuando los dos núcleos de la hifa dicariótica se unen (cariogamia) y forman un zigoto.

Para la dispersión de las esporas, los hongos utilizan varios medios: viento (mayoría de hongos), agua (como el grupo de los nidulariáceas), animales (en los hipogeos).

1.1.3. Nutrición

Los hongos son organismos heterótrofos según el tipo de alimentación pueden dividirse en saprófitos (la inmensa mayoría), simbiontes (líquenes, hongos micorrízicos) y parásitos. Se alimentan principalmente de glúcidos (azúcares solubles, celulosa...). Otras especies pueden degradar compuestos más elaborados como la lignina o la queratina, aunque no las utilizarán si existen azúcares solubles en el medio. Como reserva utilizan glucógeno, trehalosa y lípidos.

Su metabolismo es principalmente aeróbico, pero algunos hongos pueden producir fermentaciones si no existiese oxígeno. Muy pocos son anaeróbicos estrictos.

Muchos hongos son capaces de producir metabolitos secundarios en las fases terminales de su crecimiento micelial. Se pueden producir sustancias como antibióticos y compuestos tóxicos, y muchos otros que pueden resultar de interés para el ser humano. Los hongos, además, presentan una gran variedad de características organolépticas que son utilizadas en su clasificación y en el ambiente culinario.

1.1.4. Ecología

Los principales factores que influyen en el crecimiento de los hongos son: la disponibilidad de materia orgánica y agua, el pH, la temperatura y la luz. Según la *temperatura* óptima para su crecimiento, los hongos pueden ser termófilos, mesófilos o psicófilos. En cuanto al *pH*, pueden ser acidófilos o basófilos, aunque la mayoría crecen óptimamente a un pH ligeramente ácido (entre 5,5 y 5,7). Según la cantidad e agua, osmófilos, xerófilos, etc.

La mayoría de hongos se alimentan de materia vegetal, pero también hay otros que se han especializado en descomponer compuestos diversos como queratina, piel, piel, excrementos o exudados de plantas y animales. Son unos importantes descomponedores de la hojarasca de los bosques.

Los hongos pueden producir distintos tipos de **podredumbre** en la madera según el componente que ataquen: *podredumbre blanca* si ataca principalmente a la lignina, *podredumbre marrón* si ataca preferencialmente la celulosa o *podredumbre blanda* en el caso de hongos acuáticos que atacan a la celulosa y hemicelulosas. Otros hongos son parásitos tanto de animales, plantas como de otros hongos y líquenes. También hay depredadores de amebas, nematodos y rotíferos.

Finalmente, cabe destacar la gran importancia de los *hongos simbiontes*. Éstos forman **micorrizas** con plantas superiores que pueden ser ectotróficas, si recubren las raíces de las plantas por fuera, o endotróficas, si las hifas penetran dentro. También cabe mencionar las asociaciones de los hongos con ciertas algas que dan lugar a una asociación única, los *líquenes*, y de la que hablaremos más adelante.

Determinados grupos de hongos pueden presentar especializaciones adaptadas a su modo de vida. Así, por ejemplo, el género Mucor tiene una especie de rizoides que le permiten anclarse al sustrato. Rhizopus presenta estolones para propagarse rápidamente. Los hongos parásitos han adaptado unas estructuras para anclarse a sus huéspedes, los **apresorios**, y otras para "chupar" su contenido, los **haustorios**. Los hongos depredadores han desarrollado hifas en forma de anillos que les permiten atrapar a sus presas, o bien hifas pegajosas que se adhieren al animal o planta en cuestión.

1.2. Sistemática

A continuación se detallarán los hongos verdaderos, es decir, aquéllos que forman hifas, tienen paredes de quitina y no presentan células flageladas en ningún estadio de su ciclo.

1.2.1. División Zigomicotes

Son los hongos superiores más simples y nunca forman cuerpos fructíferos. Presentan un micelio con hifas muy ramificadas y sin septos (sifonales) y son, por tanto, plurinucleadas; solo algunos forman tabiques transversales. Nunca se forman gametos, sino que se da una reproducción sexual por gametangiogamia, es decir, la unión de dos gametangios iguales y plurinucleados que se aproximan y se unen dando lugar a un zigoto perdurable llamado **zigóspora**. En él se producirá la meiosis y liberará una gran cantidad de meiósporas que regenerará el micelio.

Este grupo también presenta una reproducción vegetativa a partir de **esporangiósporas** que se forman en esporangios especializados, o bien a partir de **conidios** en determinadas partes del micelio. No existen esporas flageladas. Existen **clamidósporas**, que son formas de resistencia y se forman a partir de las hifas. Pueden ser saprófitos, simbiontes o parásitos.

En la sistemática, distinguimos una clase principal, la **Clase Zigomicetes**, que contiene dos órdenes importantes:

- **O. Mucorales.** Contiene especies como *Rhizopus stolonifer* y *Mucor sp.* Son heterotálicos, es decir, tienen talos + y talos -.

- **O. Entomophthorales.** Son parásitos, presentan conidios mucilaginosos. *Entomophthora* parasita a moscas y áfidos, tiene conidios proyectables y esporas de resistencia que permanecen dentro de los insectos parasitados.

1.2.2. División Ascomicetes

Son hongos principalmente terrestres, aunque también existen algunas especies marinas o dulceacuícolas. Son saprófitos o parásitos de vegetales. Presentan un micelio muy ramificado con *hifas septadas*, con tabiques transversales perforados por un poro simple. Algunas especies presentan **micelio levuriforme** como *Saccharomyces cerevisiae*. Tienen quitina y glucanos en la pared. Son hongos completamente adaptados a la vida terrestre Nunca presentan células flageladas.

Micelio haploide la mayor parte de su vida. Este grupo sólo presenta micelio diploide justo antes de formarse las células reproductoras.

Las levaduras dejan una marca cada vez que se multiplican. Así, puede saberse cuántas veces se ha dividido una célula y, por tanto, saber su edad.

Reproducción sexual por medio de esporas. Se produce gametangiomamia: el gametangio masculino, llamado **anteridio**, se fusiona con el femenino, **ascogonia**, y formarán un **asca** (figura 2) en la que se originarán las **ascosporas**. En cada asca suele haber 8 ascósporas, pues tras la meiosis de la célula madre de las esporas se produce una mitosis que da lugar a 8 células en lugar de 4. Los ascomicetes también presentan reproducción asexual por medio de conidios.

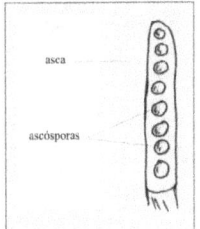

El **ascocarpo** (figura 3) es el cuerpo fructífero de los ascomicetes. Está formado por hifas haploides e hifas dicarióticas (llamadas **hifas ascógenas**) entretejidas. Puede presentar diferentes formas: **apotecio**, forma de plato, **peritecio**, forma de botella, **cleistotecio**, circular sin apertura hacia el exterior.

Figura 2. Asca.

Se pueden distinguir diferentes grupos según cómo se originen las ascas, la forma de abrirse y el desarrollo de los cuerpos fructíferos. Veamos las cinco clases más importantes.

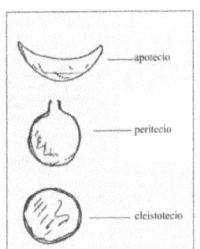

Figura 3. Tipos de ascocarpos.

- **Cl. Sacaromicetes**. Saprófitos. Ascomicetes con aspecto de levadura (carácter primitivo). Multiplicación por gemación. En ocasiones puede llegar a formar un micelio. No existen ascocarpos; el asca se forma directamente sobre el zigoto. Se forman de 1 a 8 esporas por asca. Viven en sustratos azucarados. Esporas nunca son lanzadas, Un ejemplo típico es *Saccharomyces cerevisiae*.

- **Cl. Arquiascomicetes**. Son ascomicetes parásitos de células vivas. El orden más conocido es el O. Tafrinales, que contiene a *Taphrina deformans*, parásito de diversas especies de plantas.

- **Cl. Laboulbeniomicetes**. Son principalmente parásitos de insectos. De tamaño muy reducido. Sin hifas. *Laboulbenia* es un parásito del exoesqueleto de artrópodos.

- **Cl. Ascomicetes**. Este grupo presenta micelios haploides en fase vegetativa e hifas dicarióticas en los cuerpos fructíferos. Se producen la gametangiogamia típica y la formación de esporas en número de 8. Pueden presentar peritecios, cleistotecios o apotecios. Esta clase presenta gran cantidad de órdenes que se muestran a continuación junto con una característica propia.

- O. Eurociales: presentan una ornamentación de las esporas característica. Muchos de los deuteromicetes que existen derivan de este grupo. Géneros importantes son *Aspergillus* y *Penicillium*.

- O. Ofiostomatales: presentan peritecios con cuello muy largo y estrecho. Algunos atacan a los olmos produciéndoles la grafiosis. *Ceratocystis ulmi*.

- O. Erisifales: son parásitos biotróficos obligados; generalmente ectoparásitos. Presentan haustorios. Tiene cleistotecios. Producen el oidio. *Uncinulla, Erysiphe*.

- O. Pezizales: Este grupo presenta apotecios, aunque de diferentes tamaños; también existen especies con cleistotecios. Las ascas son operculadas. Muchos saprófitos coprófilos. La reproducción asexual de este grupo no es muy importante. *Peziza, Helvella, Morchella, Tuber*.

- O. Lecanorales: este orden presenta muchas especies liquenificadas.

- O. Clavicipitales: presenta peritecios, básicamente. Las ascas y las esporas son muy largas. *Claviceps purpurea*, cornezuelo del centeno; *Cordyceps militaris*, que parasita larvas de insectos.

- O. Xilariales: saprófitos. Peritecio con estomas. *Xylaria, Hypoxylon*.

- **Cl. Deuteromicetes.** También se les llama hongos imperfectos, pues se reproducen asexualmente por medio de conidios y no se les conoce la reproducción sexual. Provienen principalmente de ascomicetes. A la fase de reproducción asexual se le conoce como **anamorfo**, mientras que la forma con reproducción sexual de la que provienen se le llama **teleomorfo**. Ejemplos de este grupo son los géneros *Oidium, Aspergillus, Penicillium, Candida* (levadur imperfecta, sin estado sexual).

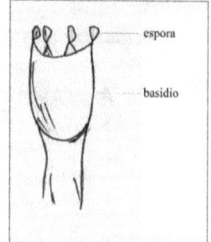

Figura 4. Esquema de un basidio.

8

1.2.3. División Basidiomicotes

Este grupo presenta un meiosporangio característico llamado **basidio**, del cual surgen por estrangulación cuatro esporas. En el basidio tiene lugar la cariogamia y la meiosis. Las **basidiósporas** se forman de forma exógena, es decir, fuera del basidio. Las esporas germinan y forman un micelio haploide que tiene una vida muy efímera, pues rápidamente se une con otro micelio haploide y forma un micelio dicariótico mediante plasmogamia, que tiene una vida independiente y más larga que el de los ascomicotes. La cariogamia se produce justo antes de producirse las esporas. Los cuerpos fructíferos, llamados en este grupo **basidiocarpos**, se forman en determinadas épocas del año por aglomeración de hifas dicarióticas.

Los basidios pueden ser de dos tipos: **fragmobasidios** (figura 5), septados y más antiguos, o bien holobasidios. El desarrollo de los cuerpos fructíferos puede ser de tres tipos:

- **Angiocárpico**. Las esporas maduran del todo antes de salir al exterior. Esto ocurre, por ejemplo, en los pedos de lobo.

- **Hemiangicárpico**. Las estructuras fértiles están protegidas al principio de su desarrollo, pero antes de estar maduras totalmente salen al exterior. Este es el caso de las setas típicas.

- **Gimnocárpico**. Las estructuras fértiles están siempre expuestas al exterior. Por ejemplo, en la lengua de vaca (género *Hydnum*).

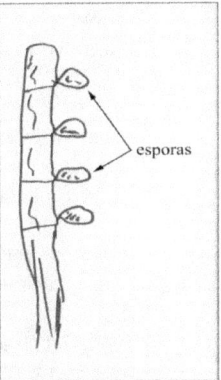

Figura 5. Fragmobasidio.

Las clases más representativas de basidiomicotes son las siguientes:

- **Cl. Teliomicetes.** Son hongos parásitos biotróficos (atacan a organismos sin llegar a producirles la muerte). Septo de las hifas típico de ascomicetes. El **Orden Uredinales** presenta muchas especies parásitas que necesitan de dos huéspedes para completar su desarrollo. Presentan fragmobasidios. Ejemplos de este grupo son *Puccinia graminis*, que crece sobre *Berberis vulgaris* (el agracejo).

- **Cl. Ustomicetes**. Hongos parásitos. Las esporas se llaman ustilagósporas y suelen

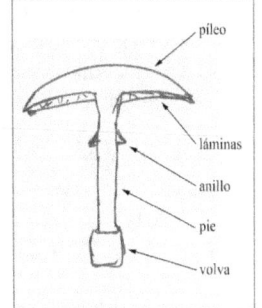

Figura 6. Partes de una seta.

formar masas oscuras en el hospedador. Forma fragmobasidios. En ocasiones, una vez las esporas son liberadas pueden dividirse y dar lugar a conidios como esporas secundarias. También pueden presentar estadios iniciales de desarrollo con aspecto de levadura. Presentan poros simples. No forman cuerpos fructíferos. El orden más importante es el O. Ustilaginales, que son parásitos, muchos de ellos sobre semillas, y que forman los típicos *carbones*. Como ejemplo está *Ustilago maydis*, que crece sobre las mazorcas de maíz.

- **Cl. Basidiomicetes.** Esta clase es la más abundante y representativa de los basidiomicotes. Tienen holobasidios, aunque los más primitivos pueden tener aún fragmobasidios. Las esporas, al germinar, siempre forman hifas. Existen **doliporos**. Forman las setas típicas. En este grupo existen una gran variabilidad en la forma de los basidios, así como en los cuerpos fructíferos y en los himenios. Micelio generalmente perenne. Saprófitos o simbiontes. Existen varios órdenes importantes:

1) Grupo de basidimicetes menos evolucionados y con menos especializaciones:

- O. Auriculariales: presentan fragmobasidios. Las fructificaciones son gelatinosas. Las basidiósporas suelen formar conidios al germinar. Es un grupo antiguo. Como ejemplo está *Auricularia auricula-judae*.

2) **SuperO. Porianas (=Afiloforales).** Es un gran grupo que incluye a órdenes de hongos no putrescibles por larvas de insectos. El himenio puede ser liso, con agujas, arrugado…, pero generalmente sin láminas verdaderas. Normalmente son saprófitos, aunque a veces pueden ser parásitos. Desarrollo del cuerpo fructífero gimnocárpico. Algunas de las especies más representativas son: *Serpula lacrymans*, hongo lignícola, *Stereum hirsutum*, *Schizophyllum*; hongos con basidiomas duros como *Trametes versicolor*, *Ganoderma lucidum*, *Polyporus*; hongos con hifas pardas como *Phellinus*; y otros muchos como *Clavaria*, *Ramaria*, *Hydnum*, *Cantharellus lutescens*, *Pleurotus*…

3) **SupeO. Agaricanas.** Incluye hongos putrescibles por larvas de insectos. Basidios sobre láminas o en tubos. Setas típicas (figura 6). Mucha variedad en los basidiomas, especialmente en el píleo. Pueden existir hifas especializadas (laticíferas, en la cutícula…). Gran variedad de características organolépticas.

- O. Tricholomatales: carne fibrosa y esporas blancas. *Hygrocybe*, *Clitocybe*, *Armillaria*.

- O. Pluteales: esporas rosadas. *Entoloma, Pluteus.*

- O. Cortinariales: pie y sombrero confluentes (unidos sin distinción entre ellos). Esporas de color pardo-rojizo a negro. Muchos forman micorrizas. *Cortinarius, Agrocybe aegerita* (seta de chopo), *Galerina marginata.*

- O. Agaricales: pie y sombrero fácilmente separables. *Coprinus, Agaricus, Lepiota, Macrolepiota, Amanita.*

- O. Russulales: presentan gránulos de almidón sobre las esporas. Carne con muchas células granulares o esféricas que dan textura granulosa. Pueden existir hifas laticíferas. No hay distinción entre pie y sombrero. *Russula, Lactarius.*

- O. Boletales: la mayoría micorrizógenos. Himenio frecuentemente con tubos. Fácilmente separable el pie del sombrero. *Boletus.*

- **Gasteromicetes.** Se trata de un grupo sin categoría taxonómica. Reúne tradicionalmente a hongos con holobasidios y con desarrollo angiocárpico. El peridio contiene una masa fértil en su interior, la gleba, a veces acompañada de hifas estériles modificadas con forma elástica y que contribuyen a la dispersión de las esporas. Son saprófitos o micorrízicos. Algunos son hipogeos. Entre los géneros más conocidos se pueden destacar *Phallus, Lycoperdon, Astraeus, Rhizopogo, Scleroderma, Cyathus...*

1.3. Grupos afines

Estrictamente, el reino hongos incluiría a los Zigomicotes, Ascomicotes y Basidiomicotes, que se caracterizan, como hemos visto, por tener una pared de quitina, no poseer células flagoladas, tener crestas mitocondriales planas y un micelio que, salvo excepciones puntuales, es septado.

No obstante, se suelen estudiar junto con estos, a algunos grupos inferiores de hongos que generalmente suelen incluirse en el reino Protoctistas. Nos referimos aquí a los hongos ameboides. Estos son:

- **División Acrasiomicotes.** Este grupo presenta **mixoamebas** que forman un plasmodio de agregación, **pseudoplasmodio**, sin llegar a confundirse entre sí. No existen mixoflagelados. Poseen paredes de celulosa. Son fagotrofos. Cuando existe escasez de alimento, se produce una agregación de mixamebas formando un pseudoplasmodio que finalmente se transformará en un cuerpo fructífero, donde las mixamebas del interior se transformarán en esporas haploides.

- **División Mixomicotes.** Existen mixamebas y **mixoflagelados** que se fusionan formando plasmodios; estos también se pueden originar a partir de células aisladas. Tienen paredes de celulosa. El plasmodio es plurinucleado, no dividido en células. Las esporas germinan en agua o en un sustrato húmedo en forma de mixamebas o mixoflagelados, que pueden intercambiarse entre sí. Dos de estas células se fusionan y luego se van dividiendo hasta formar plasmodios plurinucleados que suelen ser de vivos colores. Debido a condiciones seguramente exógenas (pH, temperatura, luz...) el plasmodio forma cuerpos fructíferos característicos. En éstos, por meiosis, se forman de nuevo las esporas haploides. Algunos géneros conocidos son *Fulico*, *Brefaldia*, *Stemonitis*...

- **División Labirintulomicotes.** Presencia de mixamebas y mixoflagelados. Forman plasmodios típicos reticulados pluricelulares que se originan por división de células biflageladas dentro de una envoltura mucilaginosa que va creciendo. Son saprófitos o parásitos. Muchos acuáticos.

- **División Plasmodioforomicotes.** Poseen paredes de quitina. Son endoparástos de plantas. Forman plasmodios haploides y diploides. Existen zoosporas y mixamebas que se pueden intercambiar. Éstas germinan de esporas haploides en el suelo, luego penetran en la planta por las raíces. En el interior se forman los plasmodios que generarán gametos y se liberarán al medio. Tras la copulación, se producirá una segunda penetración en la planta, ahora como plasmodio diploide, que volverán a forma esporas haploides que serán liberadas al medio... y vuelta a empezar.

- **División Oomicotes.** Poseen micelio y por ello algunos autores los consideran hongos verdaderos. Tienen un talo sifonal con paredes de celulosa. No forman cuerpos fructíferos ni plecténquimas. La reproducción se lleva a cabo mediante gametangiogamia y seguidamente se forma un zigoto, llamado **oóspora**. También existe reproducción asexual por zoosporas. Normalmente, predomina el estadio diploide, y la meiosis sólo se produce cuando se van a formar los gametos. Viven en agua, suelo o parasitando plantas superiores. Géneros parásitos importantes son *Phytophtora infestans*, que provoca el tizón tardío de la patata, y *Plasmopara viticola*, que produce el mildiu de la vid.

- **División Quitridiomicotes.** Pueden ser unicelulares o bien presentar un talo plurinucleado sin tabiques (sifonal). Existen zoosporas. Viven en agua, suelo o bien como parásitos de plantas superiores. El micelio es simple. Se reproducen por isogamia, anisogamia o gametangiogamia. El micelio se especializa en ciertas partes para formar células reproductoras (gametos o esporas). Si existe pared, ésta es de quitina.

2. HONGOS COMUNES EN NUESTROS CAMPOS Y BOSQUES

La Península Ibérica tiene unas características particulares en cuanto a ambientes se refiere. Su gran variedad de ecosistemas permite que en ellos encontremos asociada una gran variedad de especies fúngicas, de las que destacamos las más importantes.

Por lo que hace referencia a pseudohongos (hongos ameboides), muchos son de vida parásita, lo que hace que los encontremos asociados a determinados grupos de vegetales. Otros son saprófitos. Debido a su pequeño tamaño, son usualmente difíciles de ver, pero sus efectos son más patentes y nos hacen darnos cuenta de su presencia. Podemos encontrar, básicamente, de dos grupos:

- Mixomicotes: éstos se encuentran bajo ramas muertas humedecidas o bien bajo la hojarasca. A veces podemos encontrar plasmodios de *Fulico* o *Brefaldia*, ambos de llamativos colores. También son frecuentes especies de *Fulico* y *Stemonitis*.

- Oomicotes: este grupo presenta parásitos importantes, por lo que pueden verse, sobre todo, sus efectos nocivos sobre las plantas, tanto salvajes como en las cultivadas.

Los zigomicotes son de pequeño tamaño y, por tanto, se hacen difíciles de ver. Se pueden observar, sobre todo, en frutas en putrefacción y sobre otros alimentos en putrefacción. Géneros comunes son *Mucor* y *Rhizopus*.

Con respecto a los hongos superiores, éstos son los que más frecuentemente vemos cuando salimos al campo. Cuando vamos a coger "setas", vamos realmente a dos tipos de hongos: ascomicotes y basidiomicotes. De hecho, estamos pensando en el cuerpo fructífero de estos hongos, pues los micelios están bajo tierra escondidos y, en general, son difíciles de distinguir del resto de especies. Los más comunes y característicos que podemos encontrar son:

- Ascomicotes: *Aspergillus*, *Penicillium*, *Ceratocystis* (sus efectos sobre los olmos), *Peziza*, *Helvella*, *Morchella*, *Tuber* (hongo muy apreciado y valorado), *Claviceps*, *Hypoxylon*...

- Basidiomicotes: *Puccinia* (parásito de otras plantas), *Auricularia auricula-judae* (típica de encontrar sobre troncos muertos), *Schizophyllum*, *Polyporus* (en forma de ménsula sobre troncos muertos), *Phellinus*, *Hydnum*, *Cantharellus*, *Pleurotus eryngii* (muy apreciado), *Tricholoma*,

Cortinarius, Galerina marginata (muy tóxica y fácil de confundir), *Coprinus, Agaricus, Lepiota, Amanita* (con especies de las mejores comestibles pero también de las más tóxicas), *Russula, Lactarius, Boletus, Clathrus...*

3. IMPORTANCIA DE LOS HONGOS EN LOS ECOSISTEMAS

La mayoría de los hongos viven en ambientes terrestres, por lo que su papel ecológico lo van a ejercer en este medio. Un número menor de especies las encontramos en el medio acuático, principalmente en aguas dulces, aunque también hay algunas especies que viven en aguas saladas.

Son omnipresentes, ya sea en forma de micelio, ya sea en forma de esporas de resistencia o de cuerpos fructíferos, a pesar de que muchas veces pasen desapercibidos. Se han adaptado a formas de vida muy variadas -los hay saprófitos, parásitos, depredadores-, y ocupan nichos muy variados siendo, en ocasiones, de vital importancia en el funcionamiento de los ecosistemas.

3.1. Hongos saprófitos

Este tipo de hongos aprovechan los restos de materia orgánica generados por animales y plantas contribuyendo, además, junto con las bacterias, a mineralizarla y cerrar, así, los ciclos de la materia.

Algunos grupos de hongos crecen sobre plantas y aprovechan los exudados liberados por las ellas; otros las atacan cuando ya han caído al suelo. También hay que atacan la madera (basidiomicetes y ascomicetes principalmente) produciendo los distintos tipos de podredumbres.

Existen hongos **coprófilos**, que utilizan los restos de materia orgánica de los excrementos de animales. Éstos pertenecen al grupo de los zigomicetes, ascomicetes (como el género *Ascobolus*) y basidiomicetes (*Coprinus*).

Otros son **queratinófilos**, y son capaces de descomponer la queratina presente en estructuras de muchos animales (piel, cuernos, uñas...). Otros invaden directamente a los organismos vivos como los hongos que producen los "pies de atleta" (género *Trichophyton* y otros).

Los hongos acuáticos descomponen los restos vegetales que han caído al agua, enriqueciendo el sustrato con proteínas que pueden después ser aprovechadas por los organismos acuáticos.

En su competencia con las bacterias y otros hongos, han elaborado *antibióticos* y *micotoxinas*. Algunos de estos resultan de interés para el ser humano en el control de enfermedades y para el control de plagas.

3.2. Hongos parásitos y depredadores

Los hongos más importantes de este grupo son los que parasitan plantas, o sea, los fitoparásitos. Son los causantes de la mayoría de las enfermedades de las plantas (aprox. el 75%), lo que causa una importante reducción en la producción (tanto a nivel natural como agroeconómico). Existen parásitos que acaban matando a la planta (*necrotróficos*), mientras que otros la mantienen viva mientras se van aprovechando de ellas (*biotróficos*). Las plantas se defienden engrosando las paredes celulares o bien recubriéndose con ceras. Otras producen antifúngicos (fitoalexinas).

Los hongos parásitos son principalmente oomicotes, ascomicotes del grupo de los erisifales, basidiomicetes del grupo de los uredinales y ustilaginales, y deuteromicetes. Algunos de éstos son empleados en la lucha biológica contra las malas hierbas.

También hay hongos *zooparásitos*, que atacan a insectos, peces, aves y mamíferos. Otros son *depredadores* y poseen trampas para capturar a otros organismos más pequeños (amebas, rotíferos, nematodos...). Aunque menos frecuentes en ambientes acuáticos, los hongos que allí viven (principalmente hongo inferiores) suelen parasitar a algas, hongos y a otros organismos acuáticos. Otros hongos parasitan a congéneres del mismo orden o a líquenes y briófitos. Determinados basidiomicetes, por ejemplo, son parasitados por ascomicetes (por ejemplo, *Peckiella* es frecuente encontrarla sobre el níscalo).

3.3. Hongos simbiontes

No hay que olvidar a este gran grupo de hongos. El micelio de los hongos tiene una gran capacidad de prospeccionar y captar sustancias del medio y luego transportarlas por sus hifas. Esto ha hecho que se creen relaciones de simbiosis con otros organismos. Estas se han hecho con algas –en el caso de los líquenes-, hepáticas, helechos y espermatófitos. La unión de dos organismos con características diferentes pero complementarias, permite la colonización de nuevos hábitats así como aumentar la eficiencia biológica de ambos organismos.

Un caso muy importante es el de los espermatófitos. Se cree que aproximadamente el 90% de las especies de plantas superiores viven en simbiosis con hongos. La conexión de ambas especies se hace a nivel de las raíces, formándose las **micorrizas**. Existen casos extremos de plantas (como es el caso de muchas orquídeas) que no pueden germinar si antes no se asocian a un determinado hongo.

También existen relaciones simbióticas de hongos con animales, principalmente en insectos, como es el caso de las termitas o de las hormigas cortadoras de hojas. En escarabajos, el hongo vive en las galerías excavadas por éstos, y que luego serán consumidos por los mismos escarabajos. A veces, estos hongos producen enfermedades cuando aún la planta está viva, como es el caso de la *grafiosis del olmo*, producida por el hongo del género *Ceratocystis*.

4. APLICACIONES Y UTILIDAD DE LOS HONGOS

Muchas de las características que poseen los hongos pueden ser de gran utilidad, y de hecho lo han sido, para el ser humano. Así, su poder de descomposición y humificación de restos orgánicos ha sido aprovechado para la producción de hongos comestibles a partir de restos que carecían de utilidad (paja, excrementos de animales, etc.). Algunos de las especies más cultivadas son *Pleurotus ostreatus* (sobre paja o troncos de álamos), *Agaricus bisporus* (sobre estiércol), *Volvariella volvácea* (sobre paja de arroz), *Agrocybe aegerita*, *Lentinus edodes* (el shiitake)...

Desde antiguo, el hombre ha ido utilizando las diferentes especies de hongos que encontraba en su medio que le rodeaba para su consumo. Hoy día se siguen buscando y consumiendo una gran variedad de hongos, muchos de los cuales aún no se han podido cultivar para la producción en grandes cantidades, en parte por ser simbiontes con plantas. Entre las especies más apreciadas están: *Amanita caesarea* (oronja o yema de huevo), *Boletus aereus* (hongo negro), *Cantharellus cibarius* (cabrilla, robezuelo), *Lactarius deliciosus* (níscalo o robellón), *Mochella conica* (colmenilla), *Tuber melanosporum* (trufa negra), *Cantharellus lutescens*, *Macrolepiota procera* (apagavelas), *Pleurotus eryngii* (seta de cardo), *Russula aurea*, *Tuber aestivum* (trufa blanca) y un gran etcétera.

Si bien la digestibilidad de las setas no es muy alta, muchas se han utilizado como condimentos y saborizantes, pudiendo alcanzar precios muy elevado, como el caso de la trufa negra. Esto ha hecho que se busquen medios de cultivo adecuados para aumentar su producción: se plantan árboles inoculados con micorrizas, se crean sustratos adecuados a partir de residuos de la industria agrícola y ganadera...

Los mohos y levaduras también han sido utilizados debido a la gran variabilidad química de sus compuestos secundarios. Así, a partir de ellos se puede producir ácido cítrico, proteasas, antibióticos como la penicilina (*Penicillium chrysogenum*) o la estreptomicina (*Streptomyces griseus*) y otros productos de interés médico. También se utilizan para la producción de quesos (*Penicillium roqueforti*), productos derivados de la soja (el tempe), pan o la cerveza (*S. cerevisiae*).

Por otra parte, los hongos también han afectado negativamente al hombre. Su carácter biodegradador y patógeno ha afectado tanto a la producción de alimentos, al bienestar de los bosques, construcciones, etc.

Su acción micotóxica también ha incidido desde antiguo sobre la salud del hombre. En muchas ocasiones, la confusión de especies en la recolección de hongos ha producido no pocas intoxicaciones y, a veces, incluso la muerte. Entre las especies de hongos que causan intoxicaciones podemos citar la *Amanita phalloides, Corinarius orellanus, Galerina marginata*. Otras especies que crecen sobre alimentos también pueden provocar intoxicaciones como es el caso de *Aspergillus flavus*, productor de aflatoxinas que afectan al hígado.

Por otra parte, algunas de estas toxinas son utilizadas en investigación domo como es el caso de la faloidina de *A. phalloides* o el LSD *Claviceps purpurea* (cornezuelo del centeno).

Otros hongos que atentan contra la salud del hombre produciendo **micosis** son *Epidermophyton floccosum* y *Trychophyton rubrum*, ambos producen el "pie de atleta" y la tiña, *Candida albicans* que producen la candidiasis en zonas orales y vías respiratorias. Otros atacan a sus animales: *Beauveria* parasita a los gusanos de seda, *Saprolegnia ferax* a los peces de piscifactorías, *Aspergillus fumigatus* a las aves de corral...

5. LOS LÍQUENES

5.1. Características generales

Un liquen es una asociación entre un alga y un hongo que han pasado a ser una sola unidad morfológica y fisiológica.

Las algas que componen el liquen, llamadas **ficobionte**, se repiten en de unos líquenes a otros, mientras que los hongos, **micobionte**, son diferentes. Por esta razón, en conjunto existen más hongos que algas en este tipo de simbiosis. Las algas pueden ser cianofíceas de los géneros *Nostoc*, *Gloeocapsa*, *Scytonema*, *Chroococcus*, o clorofíceas como *Trebouxia*, *Chlorella*, *Trentepohlia*. Los hongos son principalmente ascomicetes productores de apotecios, aunque también existen basidiomicetes en algunas especies.

El hecho de que los hongos pertenezcan a diferentes grupos nos hace pensar que el fenómeno de la simbiosis liquénica se ha producido varias veces en la historia evolutiva de este grupo. Cuando se produce, los hongos pierden su identidad y no pueden vivir solos en la naturaleza, mientras que a las algas no les pasa esto.

5.2. Morfología

La forma del liquen viene determinada por el hongo que lo forma. Los líquenes pueden ser:

- **Filamentosos**. El hongo envuelve a un alga cianofícea filamentosa. La forma viene dada por el alga. Un ejemplo es *Ephebe*.

- **Crustáceos**. Viven incrustado en rocas, suelo y cortezas de árboles. Penetran en el sustrato. Su forma no está bien definida. Por ejemplo *Rhizocarpon*.

- **Foliáceos**. El talo es aplanado, normalmente lobulado, y unido al sustrato por cordones de hifas llamados rizoides, pero sin llegar a penetrar en éste. Como ejemplo está *Parmelia*.

- **Umbilicados**. Talo discoidal fijado al sustrato solamente por el centro. Por ejemplo *Umbillicaria*.

- **Fruticulosos**. Se fijan al sustrato por una base estrecha y se ramifican a modo de arbusto.

Pueden haber algunos líquenes que yazcan libremente sobre el suelo, como es el caso del liquen ártico-alpino *Thamnolia vermicularis*. Otros, como *Cladonia*, eleva sobre su talo foliáceo unas estructuras llamadas **podecios** que sostienen a los apotecios.

5.3. Histología y fisiología

Como hemos visto, el hongo forma la estructura base del liquen. Dentro de este talo, las algas pueden distribuirse homogéneamente por todo el talo, y tendremos una estructura **homómera**, o bien pueden disponerse en una capa cortical, estructura **heterómera**. Las hifas pueden agruparse densamente formando una capa cortical, superior e inferior, que dan un aspecto como de corteza.

El hongo, por su parte, envuelve el alga y forma bien **haustorios** que penetran dentro del alga, bien **apresorios** que la envuelve por fuera. A veces, sobre el liquen pueden aparecer unas estructuras especiales llamadas **cefalodios**, que es una asociación entre el hongo del liquen y una segunda alga, generalmente del género *Nostoc*, y que se utiliza para fijar nitrógeno atmosférico.

En este tipo de simbiosis, el hongo obtiene del alga hidratos de carbono, mientras que el alga recibe agua y sales minerales que el hongo capta del medio. El micobionte también confiere protección al alga contra el exceso de luz o la falta de agua. Determinados hongos producen las llamadas **sustancias liquénicas**, que son específicas de los líquenes y que sólo se suelen producir cuando crece el hongo y el alga juntos y no cuando lo hacen por separado.

5.4. Reproducción

Por lo que hace referencia a las algas, éstas sólo se pueden multiplicar vegetativamente, mientras que los hongos desarrollan sus cuerpos fructíferos característicos, dependiendo del grupo del que procedan, y sin algas asociadas en su himenio. Por esta razón, cuando la espora del liquen germina, se ha de encontrar "por casualidad" con el alga adecuada para formar un nuevo liquen.

A pesar de existir la reproducción sexual, muchas veces se lleva a cabo una reproducción asexual por medio de estructuras especializadas que contienen tanto al micobionte como al ficobionte. Pueden ser:

- **Soredios.** Son estructuras en más o menos esféricas que constan de algas rodeadas por hifas del hongo y que son fácilmente transportadas por el viento.

-   **Isidios** Son excrecencias claviformes del talo del liquen que se quiebran fácilmente y dan lugar a un nuevo liquen.

-   **Fragmentos.** El talo también puede fragmentarse directamente y dar lugar a un nuevo liquen.

5.5. Ecología

Los líquenes viven en una gran variedad de climas y sustratos. Según el sustrato se pueden clasificar en:

-   **Saxícolas**. Viven sobre rocas.

-   **Cortícolas**. Sobre corteas de árboles.

-   **Lignícolas.** Sobre madera.

-   **Humícolas o terrícolas**. Viven directamente sobre el suelo.

En general, tienen un crecimiento muy lento, entre 0,1 y 10 mm/a. Ocupan una gran multitud de nichos, principalmente con alta humedad, siendo en algunos ambientes los principales habitantes como en la tundra o en alta montaña. Tienen, por tanto, el agua como principal factor limitante, la cual es captada directamente del aire por el micobionte, o bien a través de rizoides. Aunque el hongo pueda presentar una alimentación heterótrofa, el organismo entero es autótrofo. Algunas especies pueden secretar **ácido úsmico** , que tiene características antibióticas.

Tienen un papel muy importante en los ambientes pues son los primeros colonizadores de nuevos lugares, así como de zonas frías (polares o de alta montaña). Son muy sensibles a la contaminación, pues son muy permeables a las sustancias que haya presentes en el aire.

Su origen se data en el Terciario, donde se han encontrado restos de líquenes en ámbar. Su evolución fue progresiva hacia una dependencia exclusiva del hongo del alga.

Por otra parte, existe un gran abanico de utilidades que se le dan a los líquenes, desde medicinales, como el liquen de Islandia (Cetraria islándica), como alimento (*Lecanora esculenta*, liquen del maná), pasto de renos (*Cladonia rangiferina*), perfumes, colorantes...

5.6. Sistemática

Por regla general, los líquenes se vienen clasificando según las características del cuerpo fructífero del hongo. Según el origen del hongo, podemos encontrar los siguientes tipos:

- **Cl. Ascolíquenes**. Líquenes derivados de ascomicetes:

  - O. Lecanorales: estos líquenes presentan apotecios, isidios y soredios.

  - O. Telosquistales: muchos de los que están incluidos en este grupo son especies nitrófilas. Suelen presentar *parietina* y pigmentos similaes como protectores.

  - O. Peltigerales: tienen cianofíceas como ficobionte.

  - O. Grafidales: presentan esporas septadas y apotecios alargados. Muchos son tropicales.

- **Clase Basidiolíquenes.** Líquenes derivados de basidiomicetes. Tiene un número de especies muy reducido. Se encuentran principalmente en regiones tropicales.

6. EL PAPEL DE LOS LÍQUENES COMO BIOINDICADORES

Algunas características que presentan los líquenes los hacen especialmente útiles en el estudio de la calidad del aire en algunas zonas. Un organismo se considera **bioindicador** cuando presenta reacciones identificables a diferentes concentraciones de contaminantes. A partir de aquí se podría establecer una relación entre el daño provocado y el grado de contaminación existente. Los líquenes también pueden actuar como **bioacumuladores**, y se podría establecer una relación entre la cantidad de contaminantes presentes en el talo y la cantidad presente en la atmósfera.

Las características que presentan los líquenes que hacen que sean útiles para este fin son:

- Un ciclo de vida relativamente largo.

- Una amplia distribución.

- Escasa movilidad.

- Biomasa suficiente como para poder ser estudiada.

- Interacciones mínimas con el sustrato.

- No sufren plagas.

Además, requieren unas condiciones ambientales muy específicas (estenoicos). Al carecer de cutícula, su superficie está abierta al paso de gases y líquidos (entre ellos contaminantes). Los mejores líquenes para llevar a cabo estudios de contaminación son los epífitos, pues las cortezas sobre las que se asientan constituyen un sustrato bastante homogéneo.

Las principales reacciones que se consideran en la bioindicación en líquenes son:

- Síntomas visibles de daños.

- Variaciones en la vitalidad (cobertura, reproducción).

- Variaciones en la respuesta funcional (tasa fotosintética, velocidad de crecimiento...).

- Alteraciones de las comunidades, etc.

A partir de estos datos se establecen **redes de contaminación atmosférica**, que permiten seguir la evolución de la calidad del aire y diseñar modelos.

Se utilizan varios métodos para calcular la contaminación del medio a partir de los líquenes. Éstos se pueden agrupar en dos grupos:

- **Florísticos**. Estos métodos se basan en la composición de la flora, y pueden ser de presencia/ausencia, cantidad de especies... Uno muy característico es el **índice de pureza atmosférica** (IPA), que relacionan la presencia de ciertas especies de líquenes y la abundancia de cada uno de ellas.

$$IPA = \sum_{n}^{1} \frac{Q \cdot f}{10}$$

Donde:

n, es el número de especies que se estudian.
f, la frecuencia relativa de cada especie.
Q, nº de especies que acompañan a la especie que se considera.

- **Fisiológicos.** Éstos tienen en cuenta la actividad fisiológica, variación de pigmentos, acumulación de azufre, etc.

A partir de estos datos, se crean mapas que contienen áreas concéntricas al foco emisor, pudiendo estar modificadas por la orografía o por el viento.

7. CONCLUSIÓN

Como hemos visto, el campo que abarca la micología es muy amplio, no tan solo por los conocimientos básicos que le corresponden, sino por su amplia aplicación que tiene tanto en aspectos científicos, culinarios, económicos y sociales.

Por otra parte, los líquenes representan un grupo de interés especial por las aplicaciones que se le están dando actualmente en el campo de la ecología y del medio ambiente.

Por todo esto, se hace necesario su estudio y mejor conocimiento por tal de comprender un poco mejor su funcionamiento y sacarle partido a todas las ventajas que aún podemos obtener de ellos.

Bibliografía útil:

BARNES, S. y CURTIS, E. (2006) "Biología", 6ª edición. Ed. Panamericana.

CAVALIER-SMITH, T. (1987) "The origin of Eukaryote and Archaebacterial cells", Ed. Ann. N.Y. Acad. of Sciences.

GERHARDT, E., VILA, J. y LLIMNOA, X. (2000) "Hongos de España y Europa. Manual de Identificación", Ed. Omega.

IZCO SEVILLANO, J. (2004) "Botánica", Ed. McGraw-Hill.

MARGYLIS, L. y SCHWARTZ, K. V. (1985) "Cinco reinos: guía ilustrada de los phyla de la vida en la tierra", Ed. Labor.

STRASBURGER, E. y otros (1994) "Tratado de botánica", 8ª edición. Ed. Omega.

Los libros de IZCO y STRASBURGER estudian a los hongos en una de sus partes y hacen un buen resumen de las características principales de este grupo.

La guía de hongos de gerhardt es muy útil para observar la morfología externa de los hongos, principales características y distribución. También pueden ser útiles otras guías de hongos.

www.ingramcontent.com/pod-product-compliance
Lightning Source LLC
Chambersburg PA
CBHW070910180526
45168CB00005B/1990